Encyclopedia of Prehistoric
Animals

董枝明　张玉光　编著

央美阳光　绘

史前动物
大百科

化学工业出版社
·北京·

图书在版编目（CIP）数据

史前动物大百科 / 董枝明，张玉光编著；—北京：
化学工业出版社，2017.10（2025.5重印）
ISBN 978-7-122-30460-5

Ⅰ.①史… Ⅱ.①董… ②张… Ⅲ.①古动物学-青
少年读物 Ⅳ.①Q915-49

中国版本图书馆CIP数据核字（2017）第199136号

责任编辑：史 懿　　　　　　　　　　　装帧设计：史美阳光
责任校对：宋 玮

出版发行：化学工业出版社（北京市东城区青年湖南街13号　邮政编码100011）
印　　装：北京瑞禾彩色印刷有限公司
889mm×1194mm　1/16　印张19　2025年5月北京第1版第4次印刷

购书咨询：010-64518888　　　　　　　　　售后服务：010-64518899
网　　址：http://www.cip.com.cn
凡购买本书，如有缺损质量问题，本社销售中心负责调换。

定　　价：148.00元　　　　　　　　　　　　　　版权所有　违者必究

前言 Preface

　　人类将没有文字记载的时代称为"史前时代"。在那段漫长的岁月里，地球上陆续出现了许许多多古老而又原始的生命。它们有的遨游在深邃的海洋，有的生活在广阔的陆地，还有的飞翔在无垠的天空……蛮荒的地球因为有了它们而变得丰富多彩。历经岁月变迁，生命经历了从简单到复杂，从原始到现代的演化。虽然大部分史前生物已经消逝在历史长河中，但它们留下的化石记忆，依然能让我们感受到史前时代的别样风采。

　　《史前动物大百科》凝聚了作者多年来在古生物领域的探索成果，从地球诞生伊始，沿着时间长河顺流而下，对生活在不同地质年代（寒武纪、奥陶纪、志留纪、泥盆纪、石炭纪、二叠纪、三叠纪、侏罗纪、白垩纪、新生代）的史前动物进行了详细的介绍，力求为读者准确、详实地还原各种史前动物的原貌。与此同时，本书还邀请专业的写实画手合作，绘制了500余张精美细致、富有视觉冲击力的手绘画作，使读者可以更加直观地认识未曾谋面的史前动物，了解它们大致的外貌特征、行为习性以及栖息环境，从而全面、系统地掌握关于史前动物的生命信息。另外，书中还介绍了许多史前动物不为人知的奇妙行为与特点，可以让读者更加深入地走进神秘的史前世界。

　　史前动物是在人类之前、生活于地球的"主角"。它们的足迹曾经遍布世界各地，令远古时代变得生机盎然、丰富多彩。然而，在生物演化的道路上，无数史前动物被自然淘汰，只剩下少有的一些进化成功者，以及"记录"了它们过往的各种化石。希望读者在本书的引领下，在增长知识、拓展视野的同时，也能对史前动物产生兴趣，进而不断去追寻、探索隐藏在它们身上种种未知的奥秘。

目录 CONTENTS

1 Part 史前生命

20 生命的起源
22 地球生命的演化简史
24 追溯生命演化的历史
26 无脊椎动物和脊椎动物
28 史前植物世界
30 运动中的地球
32 生物大灭绝
34 化石的秘密
36 幸存的活化石

2 Part 生物的萌芽与爆发

40 漫长的前寒武纪
42 最早的生命
43 环轮水母

43 狄更逊水母
44 查恩海笔
45 斯普里格蠕虫
45 帕文克尼亚虫
45 八臂仙母虫
46 生物丰富的寒武纪
48 开启"生命大爆发"的钥匙
48 抚仙湖虫
48 耳材村海口鱼
49 中华微网虫
49 纳罗虫
50 布尔吉斯页岩生物群
50 奇虾
51 奥托亚虫
51 威瓦西虫
52 怪诞虫
53 皮卡虫
53 拟油栉虫
53 多须虫
53 迷齿虫
54 马尔虫
55 欧巴宾海蝎

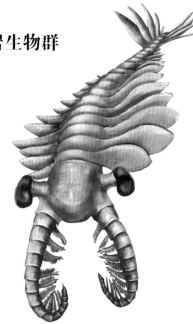

❸ 生物进化的高潮
Part

❹ 鱼类时代
Part

58	见证生物进化的奥陶纪
60	丰富多彩的物种
60	鹦鹉螺
61	苔藓虫
61	直角石
62	海百合
63	小达尔曼虫
63	高圆球虫
63	介形虫
64	植物与动物共荣的志留纪
66	志留纪时期的生物
66	棘鲨
66	彗星虫
67	海蜘蛛
67	翼肢鲎
68	布龙度蝎子
68	板足鲎
69	伯肯鱼
69	初始全颌鱼

72	脊椎动物飞速发展的泥盆纪
74	节肢类
74	莱茵耶克尔鲎
74	镜眼虫
75	无颌鱼类
75	头甲鱼
75	镰甲鱼
76	盾皮鱼类
76	邓氏鱼
77	粒骨鱼
77	沟鳞鱼
77	伪鲛
78	肉鳍鱼类
78	提塔利克鱼
78	骨鳞鱼
79	真掌鳍鱼
79	双鳍鱼
79	潘氏鱼
80	鲨鱼类

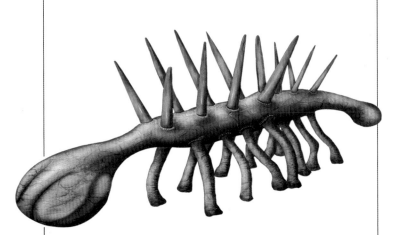

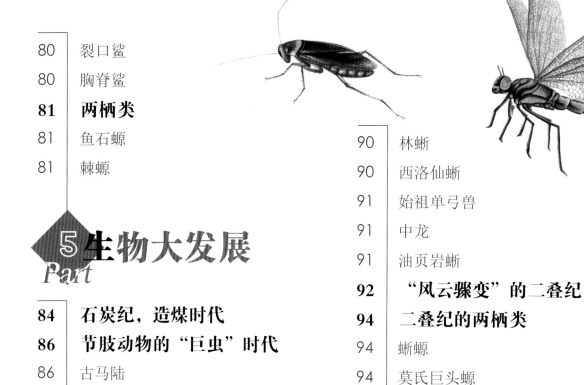

80	裂口鲨
80	胸脊鲨
81	**两栖类**
81	鱼石螈
81	棘螈

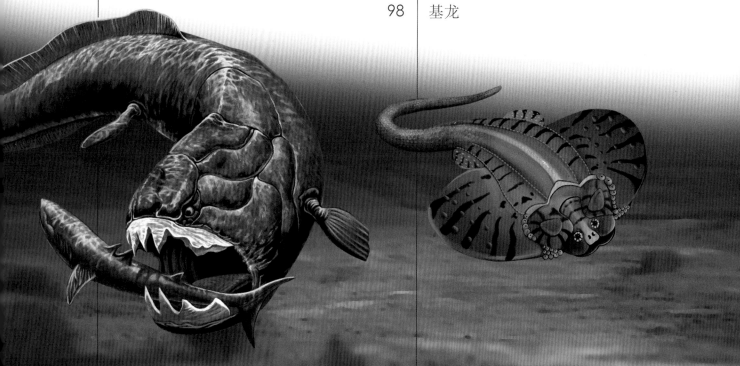

5 生物大发展
Part

84	**石炭纪，造煤时代**		90	林蜥
86	**节肢动物的"巨虫"时代**		90	西洛仙蜥
86	古马陆		91	始祖单弓兽
87	蜚蠊		91	中龙
87	巨脉蜻蜓		91	油页岩蜥
88	**石炭纪的两栖类**		**92**	**"风云骤变"的二叠纪**
88	引螈		**94**	**二叠纪的两栖类**
89	双螈		94	蚓螈
89	始螈		94	莫氏巨头螈
90	**爬行类出现**		95	笠头螈
			95	阔齿龙
			96	**原始的杯龙类动物**
			96	巨颊龙
			97	前棱蜥
			97	湖龙
			97	斯龙
			98	**盘龙家族**
			98	基龙

99	杯鼻龙
99	蛇齿龙
99	异齿龙
100	**哺乳动物的"祖先"**
100	麝足兽
101	角头兽
101	双齿兽
101	水龙兽
102	罗伯特兽
102	冠鳄兽
103	姜氏兽
103	丽齿兽
103	狼蜥兽

110	**棘皮类**
110	石莲
111	**昆虫**
111	苍蝇
112	**爬行类**
112	犬颌兽
112	波斯特鳄
113	灵鳄
113	长颈龙
113	鳄龙
114	**鱼龙类**
114	混鱼龙
114	肖尼鱼龙
115	**幻龙类**
115	鸥龙
115	幻龙
116	**翼龙类**
116	蓓天翼龙
117	真双型齿翼龙
118	**兽孔类**

6 Part 爬行动物的时代

106	**爬行动物崛起的三叠纪**
108	**繁盛的裸子植物**

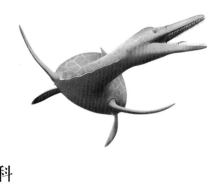

137	**板龙科**
137	板龙
137	鼠龙
118	中国肯氏兽
119	**早期哺乳类**
119	中国锥齿兽
120	**恐龙**
122	恐龙的进化
124	恐龙的种类
126	恐龙的声音
128	恐龙的食物
130	恐龙的求偶与繁殖
132	恐龙的群居生活
134	**腔骨龙科**
134	腔骨龙
135	理理恩龙
135	并合踝龙
136	**艾雷拉龙科**
136	艾雷拉龙
136	始盗龙

7 Part 恐龙称霸世界

140	**侏罗纪的生命传记**
142	**棘皮类**
142	五角海星
142	五角海百合
143	古蓟子
143	盾角海胆
143	半球海胆
144	**硬骨鱼类**
144	鳞齿鱼
144	利兹鱼
145	**鱼龙类**

145	狭翼鱼龙
145	大眼鱼龙
146	**蛇颈龙类**
146	蛇颈龙
146	菱龙
147	滑齿龙
147	上龙
148	**鳄形类**
148	楔形鳄
149	狭蜥鳄
149	地龙
150	**恐龙**
150	**美颌龙科**
150	美颌龙
151	侏罗猎龙
152	**异特龙科**
152	异特龙
153	**角鼻龙科**

153	角鼻龙
154	**嗜鸟龙科**
154	嗜鸟龙
155	**鲸龙科**
155	鲸龙
156	**腕龙科**
156	腕龙
158	**梁龙科**
158	梁龙
159	地震龙
160	**剑龙科**
160	剑龙
160	华阳龙
161	沱江龙
161	肯特龙
162	**长羽毛恐龙**
162	始祖鸟

163 生活在恐龙阴影下的哺乳类

163 摩尔根兽

163 巨齿兽

8 恐龙的鼎盛与衰落
Part

166 恐龙高度繁荣的白垩纪

168 禽龙科

168 禽龙

169 高吻龙

169 豪勇龙

170 棱齿龙科

170 棱齿龙

171 加斯帕里尼龙

171 奔山龙

171 帕克氏龙

172 鸭嘴龙科

172 鸭嘴龙

173 慈母龙

173 副栉龙

174 驰龙科

174 中国鸟龙

175 犹他盗龙

175 恐爪龙

176 小盗龙

178 暴龙科

178 艾伯塔龙

178 达斯布雷龙

179 魔鬼龙

179 特暴龙

180 霸王龙

182 镰刀龙科

182 北票龙

183 镰刀龙

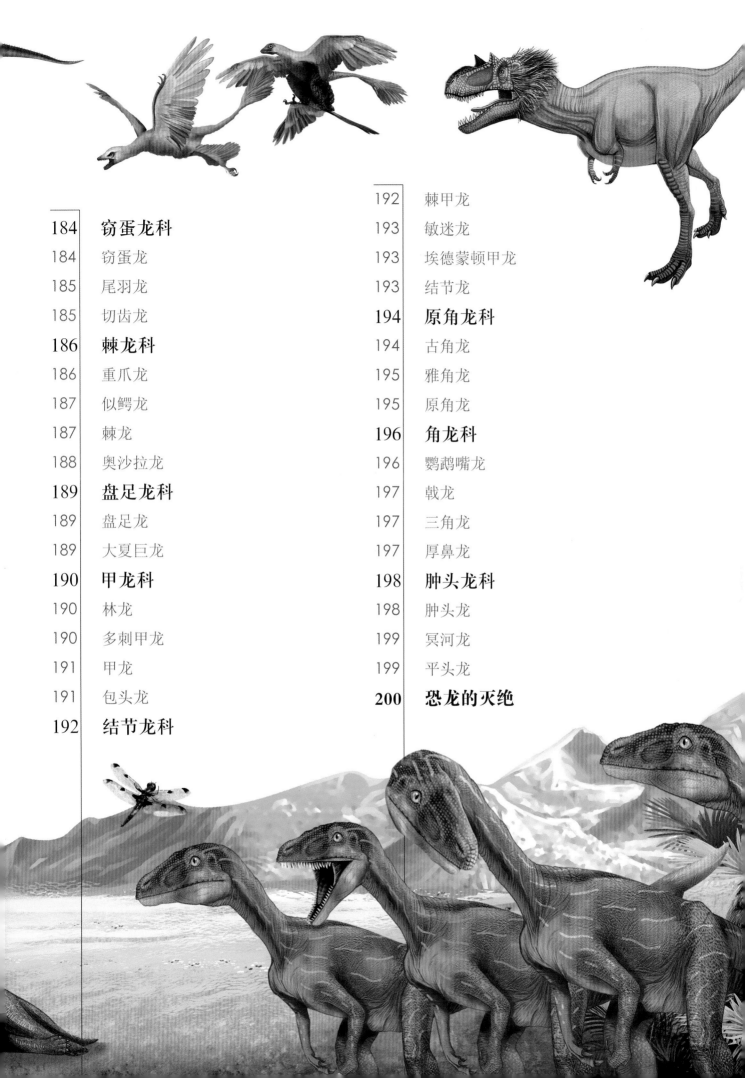

184 窃蛋龙科	**192 棘甲龙**
184 窃蛋龙	193 敏迷龙
185 尾羽龙	193 埃德蒙顿甲龙
185 切齿龙	193 结节龙
186 棘龙科	**194 原角龙科**
186 重爪龙	194 古角龙
187 似鳄龙	195 雅角龙
187 棘龙	195 原角龙
188 奥沙拉龙	**196 角龙科**
189 盘足龙科	196 鹦鹉嘴龙
189 盘足龙	197 戟龙
189 大夏巨龙	197 三角龙
190 甲龙科	197 厚鼻龙
190 林龙	**198 肿头龙科**
190 多刺甲龙	198 肿头龙
191 甲龙	199 冥河龙
191 包头龙	199 平头龙
192 结节龙科	**200 恐龙的灭绝**

210　蜜蜂
211　迅速繁荣的鱼类
211　剑射鱼
211　白垩刺甲鲨

⑨ 恐龙之后的新世界
Part

214　新生代——繁荣的新世界
216　哺乳动物的进化
218　古近纪概述
220　古新世鱼类
220　双棱鲱
220　环棘鱼
221　古新世哺乳动物
221　更猴
222　长鼻跳鼠
222　全棱兽
222　笨脚兽
223　冠齿兽
223　提坦兽

202　其他爬行类
202　神龙翼龙科
202　蒙大拿神翼龙
203　风神翼龙
203　浙江翼龙
204　沧龙科
204　沧龙
205　板果龙
205　海王龙
206　在夹缝中生存的哺乳类
206　始祖兽
207　阿法齿负鼠
207　中国袋兽
207　重褶齿猬
208　稳步繁荣的鸟类
208　孔子鸟
209　黄昏鸟
209　鱼鸟
209　伊比利亚鸟
210　昆虫家族
210　蚂蚁

224 始祖马

225 古中兽

225 远古海狸兽

226 鹦鹉兽

226 软食中兽

227 古新世鸟类

227 普瑞斯比鸟

228 始新世鱼类

228 普瑞斯加加鱼

228 艾氏鱼

229 始新世哺乳动物

229 小古猫

230 伊神蝠

231 始祖象

232 北狐猴

232 高帝纳猴

233 中华曙猿

233 达尔文麦赛尔猴

234 原蹄兽

234 原古马

235 尤因它兽

236 安氏中兽

236 巨角犀

237 古巨猪

237 高齿羊

238 埃及重脚兽

239 完齿兽

239 焦兽

240 始剑齿虎

240 巨鬣齿兽

241 犬熊

241 裂肉兽

242 陆行鲸

242 龙王鲸

243 始新世鸟类

243 加斯顿鸟

244 渐新世鱼类

244 巨齿鲨

246 渐新世哺乳动物

246 渐新马

246　长颈副巨犀
247　副跑犀
247　恐颌猪
247　渐新象
248　渐新世鸟类
248　曲带鸟
249　长腿恐鹤
250　新近纪概述
252　中新世哺乳动物
252　巨鬣狗
253　后猫
253　巨颏虎
254　伟鬣兽
254　海熊兽
255　袋剑虎
256　嵌齿象
256　互棱齿象
257　剑棱象
257　铲齿象
258　远角犀
258　砂犷兽

259　后弓兽
260　三趾马
260　草原古马
261　石爪兽
261　上新马
262　奇角鹿
262　始长颈鹿
263　古骆驼
263　巨足驼
264　海懒兽
264　有角囊地鼠
265　西瓦古猿
265　森林古猿
266　索齿兽
267　剑吻古豚
267　利维坦鲸
268　上新世哺乳动物
268　恐猫
269　剑齿虎
269　袋狮
269　硕鬣狗
270　大地懒

271　雕齿兽
272　披毛犀
272　佩罗牛
273　大角鹿
274　南方古猿
276　巨河狸
276　史前巨鼠
276　米诺卡岛兔王
277　上新世鸟类
277　泰坦鸟
278　第四纪概述
280　更新世鸟类
280　恐鸟
281　牛顿巨鸟
281　象鸟
281　哈斯特鹰
282　更新世哺乳动物
282　恐狼
283　洞鬣狗
283　熊齿兽
283　异剑齿虎
284　巨型短面袋鼠
284　双门齿兽

285　箭齿兽
285　板齿犀
286　原牛
287　西伯利亚野牛
288　猛犸象家族
288　真猛犸象
289　哥伦比亚猛犸象
290　灵长类动物
290　巨猿
291　人类的进化
291　直立人
292　尼安德特人
293　智人
294　人类的迁徙

索引
Index

Part1
史前生命

生命的起源

　　几千年来，人类一直在孜孜不倦地探索着有关生命起源的问题。关于这个问题，尽管我们还没有确切的答案，甚至在很长一段时间内，它仍然会继续困扰着我们。但科学家们经过努力还是找到了生命起源的蛛丝马迹，他们提出的理论得到了人们的普遍认可……

最初的地球

　　大约 46 亿年前，地球才刚刚形成。那时的地球和现在的完全不同：天空中烈日炎炎，强烈的紫外线照射着地球，温度很高，风暴肆虐，火山活动异常频繁，熔岩横流。后来，火山持续喷发将地球内部的气体携带出来，水蒸气、氢气、甲烷、二氧化碳等气体构成了原始的大气层。

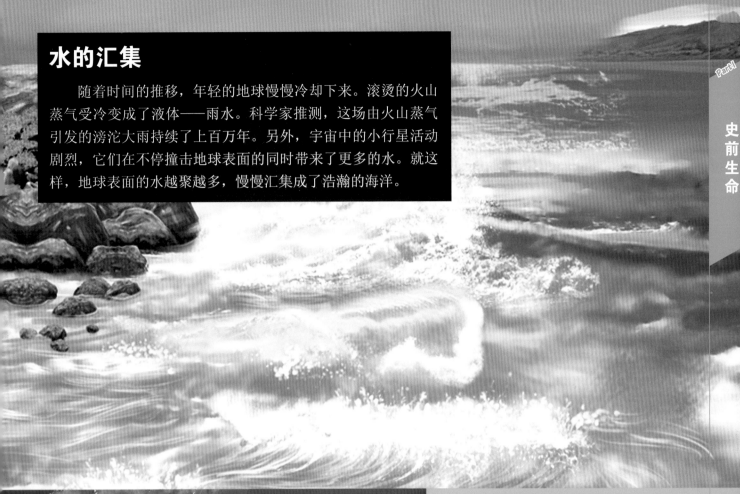

水的汇集

随着时间的推移，年轻的地球慢慢冷却下来。滚烫的火山蒸气受冷变成了液体——雨水。科学家推测，这场由火山蒸气引发的滂沱大雨持续了上百万年。另外，宇宙中的小行星活动剧烈，它们在不停撞击地球表面的同时带来了更多的水。就这样，地球表面的水越聚越多，慢慢汇集成了浩瀚的海洋。

奇特的生命

海底"烟囱"附近的水温可达300℃，压力也很大，但奇怪的是，这里竟然生存着许多蠕虫和贝类。

生命的萌芽

比起环境恶劣的地表，海洋似乎更安全一些。许多科学家认为，原始生命很有可能就出现在38亿年前的深海里。人们在深海中发现了一种叫"烟囱"的热泉，它周围有许多含有养分的化学物质。最重要的是，"烟囱"附近生活着大量原始生物。科学家推测，这应该就是原始生命的萌芽地。

生命证据

大自然似乎有意为人类留下生命起源与演化的证据。人们相继在世界各地发现了叠层石。这是一种由细菌菌落形成的岩石状小丘，早在35亿年前就已经出现了。叠层石里含有藻青菌，它可以利用阳光制造食物并释放出氧气。慢慢地，它们会进化和发展成植物和动物等多细胞生物。

地球生命的演化简史

随着一个个神秘的生命遗迹逐渐显露在眼前，我们才发现，早在人类出现之前，那些古老的史前生命就已经将地球"点缀"得异常精彩了。在相当漫长的岁月里，生物界的故事从未停止，一直在被充满奥秘的不同生命书写着、演绎着……

此时的霸王龙称霸天下。

天空出现各种各样的翼龙。

侏罗纪

白垩纪

恐龙时代的开始。

三叠纪

白垩纪有大量的鸭嘴龙。

下孔型动物统治陆地。

二叠纪

寒武纪

出现了有外骨骼的生物。

海洋中有大量原始贝类。

奥陶纪

无脊椎动物迅速发展

石炭纪

第一种四足动物出现

泥盆纪

志留纪

泥盆纪是鱼类的世界。

菊石类开始繁殖分化。

前寒武纪

漫长的前寒武纪时期，生命只有细菌、蓝藻、水母和蠕虫。

栖息在深海火山烟囱周围的特殊细菌，这是最初的生命。

生命演化轴

地球已经有约 46 亿年的发展历史了。最早的人类出现在几百万年前，看似久远，但与地球上最早的生命根本无法相比。因为最古老的生命痕迹可以追溯到大约 30 多亿年前。现在，科学家将地球漫长的历史划分为一个个地质年代，单位为"代"，而代又包括较短的地质年代，单位为"纪"，以便更好地研究地球生命的起源和演化。

哺乳动物开始统治地球。

哺乳动物开始逐渐向大型化发展。

新近纪

第四纪

哺乳动物进化得更高级。

人类逐渐形成。

前寒武纪

距今 46 亿 ~5.42 亿年前

寒武纪

距今 5.42 亿 ~4.88 亿年前

奥陶纪

距今 4.88 亿 ~4.44 亿年前

志留纪

距今 4.44 亿 ~4.16 亿年前

泥盆纪

距今 4.16 亿 ~3.59 亿年前

石炭纪

距今 3.59 亿 ~2.99 亿年前

二叠纪

距今 2.99 亿 ~2.51 亿年前

三叠纪

距今 2.51 亿 ~2 亿年前

侏罗纪

距今 2 亿 ~1.45 亿年前

白垩纪

距今 1.45 亿 ~6600 万年前

古近纪

距今 6600 万 ~2300 万年前

新近纪

距今 2300 万 ~258 万年前

第四纪

258 万年前至今

古生代

中生代

新生代

奥陶纪以物种大灭绝事件结束。

二叠纪以地球上最大规模的物种大灭绝事件结束。

白垩纪以物种大灭绝结束，恐龙、翼龙等大部分动物灭绝。

追溯生命演化的历史

地球上的生命一直在不断变化。随着时间的慢慢流逝，有些老物种消失了，又有新物种"诞生"了。就像一个家庭中老者的逝去和新成员的加入一样，地球生命也经历着一个漫长的更替和演化过程。

自然选择

大自然是考验某一物种能否生存下来的试金石。动植物生活在这个大环境里，需要面对各种艰难的挑战，接受许多残酷的考验。即使它们繁衍下很多后代，这些后代也只有一少部分能够顺利活下来。那些活下来的后代会把自身的优良特性传承给下一代。这样一代代传承下来，动植物就有了属于它们自己的生命个性特征。

鹿角

在鹿群中，只有体格健壮、战斗力强的雄鹿才有资格成为首领，让雌鹿们变成自己的"妻妾"。当雄鹿在争夺首领地位时，鹿角成了非常重要的进攻和防卫武器。因此，在进化的过程中，鹿角就被雄鹿"保留"了下来。

长脖子

长颈鹿是陆地"动物王国"里最高的动物，站立时体高可达6～8米。它们最主要的特征就是长脖子，长脖子可以让它们吃到高处的树叶，可以让它们看见远处的敌人。长颈鹿的长脖子就是长期自然选择的结果。

人工选择

除了自然选择，人工选择也是导致物种进化的一个重要原因。早在很久以前，人类就已经懂得通过改变物种的特性来为自己谋求福利了。比如：人类会把草培育成谷物，再从中选出谷粒较大的品种继续播种；人类还驯养了狗的祖先——狼，使它们的后代成为了性情温顺的生活好帮手。

狼

狗

大象的演化

通过难得的化石发现，科学家可以为我们还原一个物种的进化轨迹。例如长鼻目动物。最初的长鼻目动物体形较小，牙齿短小，鼻子也不算长。随着时间的推移，长鼻目动物慢慢进化，它们的牙齿钻出嘴巴慢慢变长，鼻子也变得长长的，身体越来越高大。

始祖象　　　　渐新象　　　　嵌齿象　　　　恐象　　　　亚洲象

查理·达尔文与进化论

19世纪50年代末，英国博物学家达尔文在《物种起源》中提出了进化论。他认为只有那些成功适应环境变化的物种才能延续下去，而无法适应环境变化的物种就会灭绝。结果，这一理论却遭到了宗教徒的嘲笑和批评。达尔文因此成为了漫画的讽刺对象，他被画成了一个长着黑猩猩身体的人。

无脊椎动物和脊椎动物

在经历了漫长的地质历史时期后，地球动物渐渐演化出了很多分支。尽管地球生存环境不断变迁，又先后遭遇了几次"浩劫"，一些动物仍然在不断进化、繁衍着，直至组成了如今繁荣的动物王国。现在，科学家们把人类已知的动物分成了两大群体：无脊椎动物和脊椎动物。

无脊椎动物

动物王国中约有95%以上的成员是无脊椎动物。无脊椎动物的形态多样，除了没有脊椎骨和硬质内骨骼外，人们很少能在这些长相千奇百怪的动物身上找到共同点。

节肢类

节肢动物是无脊椎动物中数量最庞大的一个门类，包括昆虫、蛛形类和甲壳类等动物。

软体类

大多数软体动物有一个外壳或部分外壳残余物。它们拥有完整的消化系统。

环节类

环节动物的身体是分节的。其成员多分布在海水、淡水以及潮湿的陆地环境中。

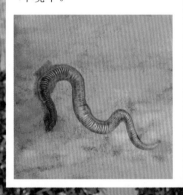

棘皮类

很多棘皮动物的身上长着刺，拥有对足，能移动。它们大都生活在海底。

腔肠类

腔肠动物体壁上长有刺细胞，可以捕食和防御。有的成员固着在海底，有的能漂游。

无脊椎动物

脊椎动物

脊椎动物

脊椎动物不但拥有脊柱和内骨骼，还有发达的神经系统和大脑。它们主要被划分为五大类：哺乳类、鸟类、爬行类、两栖类和鱼类。这一动物群体的成员结构最复杂，进化地位最高，生活方式更是千差万别。

哺乳类

哺乳动物因雌性以乳腺分泌的乳汁哺育后代而得名。它们大都属于胎生，体表被毛。

鸟类

鸟类均被羽毛，卵生。多数成员具有飞行能力，移动性大。

爬行类

爬行动物体表覆盖鳞片或角质板，进化出羊膜卵，实现了在陆地上的繁殖和运动。

两栖类

两栖动物皮肤裸露，有很多分泌腺。它们初步适应了陆地生活，能够在陆地上运动，但繁殖时还要回到水中。

鱼类

鱼类一生都生活在水中。它们体表有鳞片，有运动的器官——鳍，用鳃呼吸。

史前植物世界

　　如今，大自然中有超过 35 万种植物。那么，种类繁多的植物是从哪里来的，它们是否也如动物一样在不断进化呢？"史前植物世界"会给我们呈现最好的答案。

植物带来的改变

　　最早的植物出现在海洋里，它就是至今仍然存活于世的藻类。藻类结构简单，只要依靠光照就能生活。起初，藻类一直生长在广阔的海洋里。随着时间的推移，藻类逐渐开始向淡水水域和潮湿的陆地"进军"。约在 4 亿年前的志留纪，陆生植物出现了。虽然它们比较矮小，没有根没有花，甚至连真正意义上的叶子也没有，但仍然给广阔的大地带来了生机。

植物在"扩军"

　　为了能更好地适应陆地生活，植物需要不时为自己"添加"新构造。它们进化出了坚硬的枝干，以便可以直立在土壤中；进化出了根系，这个藏在土里的构造能像"水泵"一样，随时随地帮助它们获取养分。慢慢地，植物还具备了制造种子的能力，这意味着植物的后代可以到更远的地方落地生根。于是，地球上开始出现茂密的树林。

光蕨类

　　光蕨类植物约有 10 厘米高，整个身体由枝状的茎支撑着。它们出现在约 4.25 亿年前。

高大树木出现

种子的传播，为陆地带来了更强的生机。为了获取更多光照，树木的茎部变得越来越高，直至长到数十米。到了恐龙时代，树木多是高大的针叶林。这种树木能够适应炎热干燥的气候。

被子植物的出现和繁荣

如今，无论是在寒风瑟瑟的高山还是炎热的沙漠，处处都有被子植物的身影。它们拥有强大的生命力，生长在很多极端的环境里。我们常见的草、蔬菜、开花植物等都是被子植物。研究表明，最早的被子植物大约出现在白垩纪早期。

辽宁古果

发现于中国辽宁地区的"辽宁古果"是非常古老的被子植物。它植株矮小，具有花的繁殖器官，却没有花瓣。科学家们研究发现，辽宁古果出现的时间为距今约1.45亿年前。

木兰

拥有漂亮花瓣的木兰与恐龙是老朋友，它早在白垩纪中期就已经出现了。正是有了它的存在，很多植食性恐龙才避免了被饿死的命运。

运动中的地球

我们脚踩大地上，可能觉得它是静止不动的，非常稳定。但实际上，地球上的陆地正在以我们察觉不到的速度缓慢移动着。要知道，现如今的陆地板块也是经过了漫长的演化和漂移才形成的。

前寒武纪

在 13 亿 ~9 亿 年前的前寒武纪，大片陆地连接成了一块超级大陆——罗迪尼亚。

寒武纪

从寒武纪开始，罗迪尼亚大陆的运动速度快了起来。原本连接在一起的陆地渐渐分离成不同的板块。

泥盆纪

泥盆纪时期，地球大陆又发生了很大变化：大部分陆地都漂移到了赤道以南。

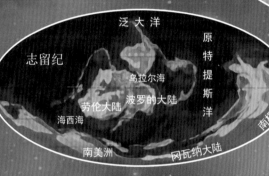

志留纪

志留纪时期，地球上最大的大陆仍然停留在南极。不过，大陆之间的距离却越来越远。

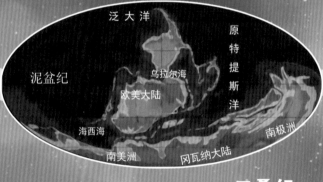

石炭纪

发展到石炭纪，各个大陆相互"吸引"，组成了两块超级大陆。

二叠纪

进入二叠纪后，超级大陆逐渐向北漂移，地球气候发生了非常大的变化。

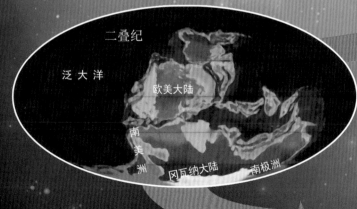

三叠纪

三叠纪时期，地球大陆变成了一个整体。它横跨赤道，从南极一直延伸到北极。

第四纪

第四纪末期，原本连接各个陆地板块的陆桥被上升的海水淹没，非洲和大洋洲继续向北漂移，直至到达现在的位置。

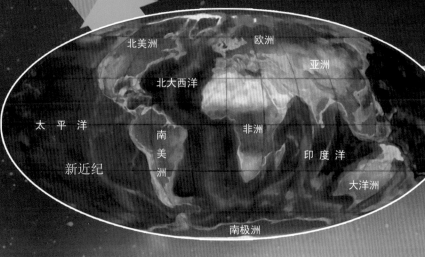

新近纪

新近纪时，四大板块相撞形成了高大的山脉，南北美洲之间开始有大陆桥相连。

古近纪

古近纪中期，大部分陆地板块漂移到了现在的位置。印度洋板块开始与亚洲板块碰撞，大洋洲离南极洲越来越远。

白垩纪

进入白垩纪以后，地球海平面继续升高。这促进了各大洲、大洋的形成进程。

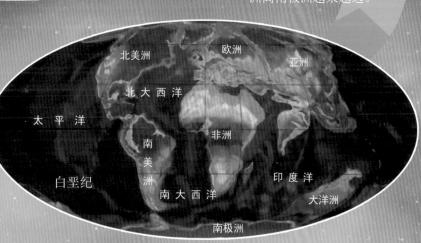

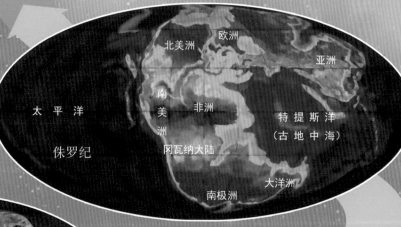

侏罗纪

侏罗纪时期，地球大陆逐渐分裂成现在的大陆板块。欧洲、北美洲、大洋洲、南极洲、非洲和南美洲开始形成。

生物大灭绝

生物界的发展并非一帆风顺，迄今为止地球已经发生了五次惊心动魄的大灭绝事件。这一次次的"浩劫"让很多动植物从地球上彻底销声匿迹。但也有一些物种经受住了艰难考验幸存下来，并迅速发展、进化。科学研究表明，生物大灭绝现象有一定的周期性，大约每 2600 万年发生一次。

第一次生物大灭绝

发生时间：奥陶纪晚期（距今约 4.4 亿年前）

事件影响：约 85% 的物种灭绝

灭绝代表生物：部分三叶虫、部分鹦鹉螺、笔石、海百合、珊瑚

第一次生物灭绝发生在奥陶纪，因此又被称为奥陶纪大灭绝。当时地球大部分地区被海水覆盖，后来因为受宇宙天体运动的影响，全球气候变冷，导致很多地区进入冰期。生态系统遭到破坏后，很多海洋物种灭绝了。

第二次生物大灭绝

发生时间：泥盆纪晚期（距今约 3.65 亿年前）

事件影响：海洋生物遭到重创

灭绝代表生物：菊石、部分鲨鱼、盾皮鱼等

泥盆纪时期，陆地开始出现植物，海洋动物的发展也得到空前繁荣，尤其是出现了各种各样的鱼类。但是，同样是因为气候变冷和海退等原因，海洋生物遭遇了灭顶之灾。海退就是在相对短的地壳发展时期内，海水从陆地向海洋逐渐退缩的地质现象。

第三次生物大灭绝

发生时间：二叠纪晚期（距今约 2.5 亿年前）

事件影响：约 75% 的陆地生物灭绝，约 95% 的海洋生物灭绝

灭绝代表生物：盘龙、巨头螈、巨蜥龙等

二叠纪晚期的这次生物灭绝是地球有史以来规模最大、最惨烈的灭绝事件。地球上的生命几乎全部消失了，两栖动物和肉食性爬行动物不见了踪影，昆虫相继死去，海洋生物更是遭遇了前所未有的毁灭性打击。古生物学家普遍认为这次事件是由气候突变、火山爆发、陆地沙漠化等一系列原因造成的。

第四次生物大灭绝

发生时间：三叠纪晚期（距今约 2 亿年前）

事件影响：爬行动物遭到重创

灭绝代表生物：南蜥龙、比斯特龙等

有些人认为，发生在三叠纪晚期的这次生物灭绝事件，可能是大型陨石撞击造成的。因为这次生物灭绝并没有什么特别标志，一些原本可能会繁盛的物种灭亡了，而那些大型动物却活了下来。

第五次生物大灭绝

发生时间：白垩纪晚期（距今约 6600 万年前）

事件影响：连同恐龙在内的很多爬行动物灭绝

灭绝代表生物：霸王龙、古海龟等

这是地球历史上第二大生物灭绝事件，有 75%~80% 的物种消失了。就连统治地球近 1.6 亿年的恐龙家族也覆灭了。科学研究表明，这次生物大灭绝事件主要是由小行星撞击或火山爆发导致的。

化石的秘密

自然界中有一位最伟大的"历史学家"，它不用文字，也不用声音，就能将珍贵的动植物面貌保存上亿年之久，并高度还原在人们眼前。这位"历史学家"就是化石。通过神秘又独特的化石，我们能知晓动植物的秘密，解决诸多生物进化的难题。

化石的形成过程

并不是所有的动物死去后都能形成化石，化石的形成需要具备一定条件。那么，化石是怎么形成的呢？

时间让它改变

目前，我们已经挖掘的化石由骨骼、足迹、牙齿、粪便等形成。对于动物来说，它们身体里最坚硬的部分往往能经受住海陆变迁的考验，成为化石。比如，骨骼就是化石形成的最好材料。不过，无论是哪种化石都需要很漫长的时间才有可能形成。

化石是什么？

化石是指由埋藏在地壳中的古生物的遗骸和遗迹变成的类似石头的东西。从某种意义来说，它就像摄录机一样记录着上万年前的生物特征。通过它，我们能推测出这些生物的外形、生活习惯、繁殖方式……

❶ 一只恐龙死亡后会被湖水或海水吞没。尸体沉入水中，慢慢开始腐烂。

❷ 只剩下骨骼和牙齿的恐龙渐渐被泥沙掩埋、压实。

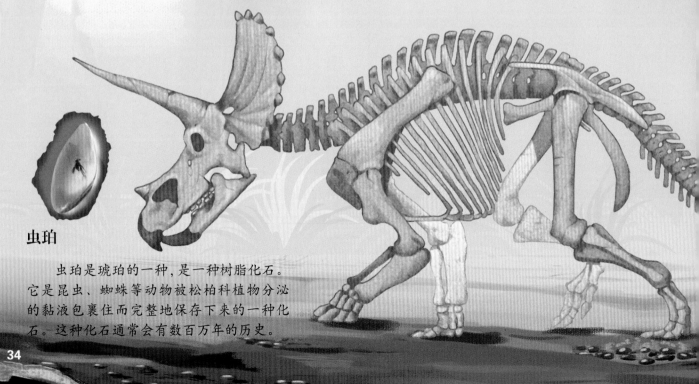

虫珀

虫珀是琥珀的一种，是一种树脂化石。它是昆虫、蜘蛛等动物被松柏科植物分泌的黏液包裹住而完整地保存下来的一种化石。这种化石通常会有数百万年的历史。

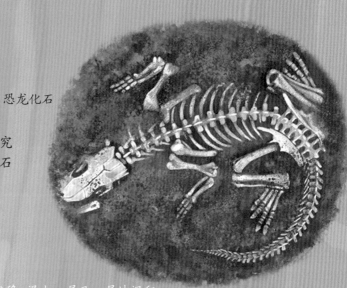

恐龙化石

骨骼化石

　　骨骼化石是古生物学家的主要研究对象。不过，比较完整的动物骨骼化石很罕见。

❸ 随着时间的推移，泥土一层又一层地沉积。恐龙的骨骼和牙齿在地下降解、矿物质重新交代结晶，经历"石化"过程，变得更加坚硬。

❹ 很多很多年以后，由于地壳上升、风化等作用的影响，恐龙化石暴露在人们的视野当中。

狼鳍鱼化石

蜻蜓化石

石化了的树叶和小鱼，如同时间的雕刻

幸存的活化石

在经历了漫长的进化岁月后，很多动植物要么改变了"容颜"，演化出了新的后代，要么在一次又一次的灾难洗礼中消失。但世界上却有这么一类生物，它们在生物进化的数百万年的时间里，非但没有消亡，形态也没有太大改变。这些经得住时间考验的生物俗称为"活化石"。

银杏

大约在3亿年前，银杏类植物就出现在地球上了。经过长时间的繁育，它们的"足迹"遍布亚洲、欧洲和北美洲。但在最后一次的冰期中，大批银杏类植物因为适应不了寒冷的气候相继死去，只有生长在亚洲的少数物种幸存了下来。18世纪时，银杏被带到欧洲，再次发展起来。

作用

银杏树的寿命很长，有的甚至能存活好几百年。以前，人们多把它们种植在园林中，供观赏之用。现在，人们已经会利用它们的果实和叶子制造各种药品了。

腔棘鱼

腔棘（jí）鱼是世界上最古老的鱼类之一，曾被认为是一种已经灭绝的动物。20世纪30年代末，人们再次在印度洋中发现了它们的身影。之后，更多的腔棘鱼走进了我们的视线。古生物学家研究后发现，腔棘鱼与它们的史前祖先相比，没有太大变化。

深海掠食者

腔棘鱼的体形较大，体表附着着黏黏的液体。它们动作敏捷，多生活在幽暗的深海海域。要知道，在生命的历史长河中，这种凶猛的家伙可是有"海中一霸"的威名呢！

鲎

鲎（hòu）也是动物活化石家族中的一员。据称，这种外形酷似三叶虫的动物至少已经在地球上生活了 4 亿年。人们在德国索伦霍芬石灰岩中就曾发现过保存完好的鲎化石。

鲎的化石

鹦鹉螺

鹦鹉螺应该是众多活化石中最被人们熟知的一员了。它们在大约 4.9 亿年前就已经遍布各大海洋。但是，如今数量稀少的鹦鹉螺只存在于太平洋和印度洋海区。

安全屋

鹦鹉螺有着螺旋状的外壳，壳内有很多壳室。遇到危险时，鹦鹉螺只要缩进这个壳内就安全了。正是这个坚硬的外壳，使它们在一次又一次的自然浩劫中幸存下来。

Part 2
生物的萌芽与爆发

漫长的前寒武纪

前寒武纪有时又被称为"前古生代"，具体是指古生代或寒武纪之前（约5.42亿年以前）的地质时代。这个阶段是地球历史最早的地质阶段，十分漫长，约占地质历史 87% 的时间。地质学家把漫长的前寒武纪划分为冥古宙、太古宙和元古宙三部分。

冥古宙

冥古宙开始于地球形成之初，大约在 40 亿年前结束。这个时期，原本炽热的地球慢慢冷却、固化，出现了原始的海洋、陆地和大气。但是，此时的地质活动仍然非常剧烈，地表处处流淌着滚烫的熔岩流。而且，来自太空的众多小行星和彗星不断撞击着地球，致使地球出现了成千上万个大大小小的撞击坑。

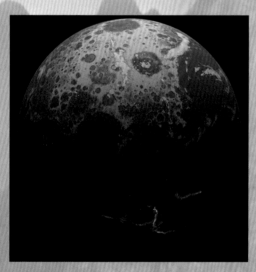

太古宙

太古宙是原始生命出现以及生物演化的初级阶段，可以分为始太古代、古太古代、中太古代和新太古代。这时，地球形成了薄薄的原始地壳，出现了水圈和大气圈，但是火山活动依然强烈而频繁。少量的原核生物出现在地球上，现在，我们只能在极少的化石中找到它们的痕迹。

时间的证据

在中太古代就已经出现了低等蓝藻。根据科学统计，目前人类已经在全球十几个地点发现了太古宙时期的叠层石，其中澳洲、北美和南非均有分布。这些叠层石的"年龄"在 25 亿年以上。

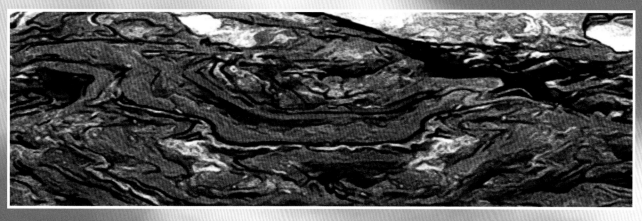

元古宙

到了元古宙，生命形式就多了起来，菌类、藻类成了主角。因此这个阶段也被称为"菌藻时代"。如今，我们在那个时期保留下来的岩层中还能找到很多蓝绿藻的身影。

蓝绿藻

蓝绿藻就是我们平时所说的蓝藻。它是地球上最早的原核生物，也是最基本的生物体。蓝绿藻的适应力非常强，既能忍受高温、缺氧、冰冻的环境，又不怕高盐度和强辐射。无论是热带还是极地，海洋还是山顶，它都能生存。

震旦纪

震旦纪是元古宙晚期的一个纪。通过化石，我们可以发现震旦纪时生物界的演化与前期相比要迅速得多，形成了如青白口纪生物群、埃迪卡拉生物群等几个各具特色的生物群。

最早的生命

通过对化石的研究，科学家们发现，早在 6 亿年前，地球的海洋中就已经有动物了。那时，动物除了盘状或叶状的柔软身体，没有身体器官。它们只能用躯体过滤、收集海水中的营养物质以保证生存。

埃迪卡拉动物群

1947 年，古生物学家在澳大利亚埃迪卡拉地区的岩层中发现了大量的古生物化石。经研究，这些化石距今已经有 6.7 亿年的历史了。后来，这些化石动物被命名为"埃迪卡拉动物群"。

埃迪卡拉动物群主要是腔肠动物。其身体十分柔软，没有坚硬的骨骼和壳，构造非常简单。与现在动物身体结构主要呈两侧对称不同，它们的身体结构大都是呈辐射对称的。不过，它们有两个胚层。这一点与现今原始的两胚层腔肠动物很类似。

为什么大多数埃迪卡拉动物的身体是扁平的？

古生物学家认为，大多数埃迪卡拉动物身体扁平与它们的身体结构及生存环境有关。当时，大气的含氧量较低，这些动物又没有内部器官，只能将身体变得扁平，使体内各部分充分接近外表面，方便呼吸和摄取营养。

环轮水母

生活时期： 前寒武纪（距今约 6.7 亿年前）

栖息地： 海底

食物： 浮游生物

化石发现地： 澳大利亚、中国、俄罗斯、挪威等

　　环轮水母外表像一个圆盘或树木的年轮。在化石被发现之初，人们曾因此误认为它是海蜇。现在，有的科学家认为环轮水母只是一种微生物族群。

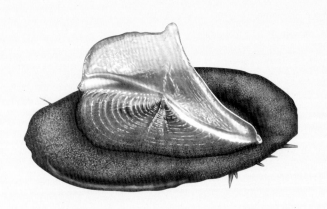

狄更逊水母

生活时期： 前寒武纪（距今 5.6 亿～5.55 亿年前）

栖息地： 海底

食物： 浮游生物

化石发现地： 澳大利亚、俄罗斯等

　　在前寒武纪，还生活着一种古老的生命体——狄更逊水母。它看上去像一个两侧对称、呈肋状的椭圆形。我们可以看到它似乎有前端和尾端，却不具备头、嘴等明显的结构。直到现在，关于狄更逊水母的分类还有争议，有人认为它是动物，也有人认为它是真菌。

查恩海笔

生活时期：前寒武纪（距今 5.75 亿 ~5.45 亿年前）

栖息地：海底

食物：浮游生物

化石发现地：俄罗斯、澳大利亚、加拿大、英国

查恩海笔的体形就像一根轻盈的羽毛。虽然外表看起来更像植物，但它靠滤食水中的微生物为生，所以它是动物家族的一员。查恩海笔体表分布着很多枝丫，它们呈条纹状排列。一些专家认为，查恩海笔的身上可能有很多寄生藻类。

"锚"

查恩海笔是怎么固定在海底的呢？从化石来看，查恩海笔的底部长着一个碟状器官。这个碟状器官可能就是它的"定身"工具。有了这个器官，查恩海笔就能"锚"在海底，舞动"手臂"，从水中摄取食物了。

斯普里格蠕虫

生活时期：前寒武纪（距今约 5.5 亿年前）

栖息地：海底

食物：不详

化石发现地：澳大利亚、俄罗斯

斯普里格蠕虫可能是最早拥有前端和后端的动物。因为从其化石来看，它的头部已经有眼睛和嘴巴的痕迹了。这说明，斯普里格蠕虫很有可能是最早的掠食者。另外，斯普里格蠕虫的身体有很多节，大部分都以不同的方式弯曲着。科学家们推测，它有一个比较柔软的身体。

帕文克尼亚虫

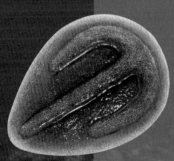

生活时期：前寒武纪（距今 5.58 亿 ~5.55 亿年前）

栖息地：海底

食物：不详

化石发现地：澳大利亚、俄罗斯

帕文克尼亚虫拥有隆起的盾状脊，中间脊将它的身体分成了两部分。因为帕文克尼亚虫与三叶虫的幼虫有一些相似之处，因此有些人认为它们之间有亲缘关系。已知的帕文克尼亚虫化石保存得都比较完整，有些古生物学家因此推测它可能长着用来保护身体的硬壳。

八臂仙母虫

生活时期：前寒武纪（距今 5.8 亿 ~5.51 亿年前）

栖息地：海底

食物：微生物

化石发现地：中国、澳大利亚

八臂仙母虫既没有口，也没有肛门和消化道等器官。当它觉得饥饿时，不会粗鲁地挥动椎状的旋臂，而是会动用旋臂上的表皮细胞静静地吸附海底的微生物，饱餐一顿。所以，这是一种非常"文雅"的动物。

生物丰富的寒武纪

　　埃迪卡拉动物群只兴盛了很短的时间就纷纷灭绝了。之后在很长一段时间内，生物种类似乎都处在停滞不前的状态，并不繁盛。直到5.4亿年前的寒武纪，生物界才迎来了"春天"，大量多细胞生物在短短数百万年间"爆发式"地涌现出来……

浅海

　　寒武纪约从5.4亿年前开始，在4.88亿年前结束，是地质年代中古生代的第一个纪。寒武纪时期，气候相对温暖，海平面因此升高了。陆地与海洋形成了一些浅水区域。于是，海洋动植物有了良好的栖息环境，发展得尤为迅速。但是，陆地上仍旧是荒芜一片，毫无生机。

低等植物

　　寒武纪时期，在一些浅海潮湿的低地可能分布着苔藓和地衣等低等植物。但是因为不具备真正的根茎组织，它们还难以到干燥的地方生活。

地衣

　　地衣是由真菌和藻类"合伙"组成的，具有非常顽强的生命力，可以生活在许多极端环境里。但寒武纪时，它们还没有现在这么强大。

生命大爆发

人们在寒武纪的地层中发现了大量动物化石。这些化石有明显的头部、腿部、外壳和感觉器官，包含许多无脊椎动物的祖先。古生物学家把这次神秘的生命爆发事件称为"寒武纪生命大爆发"。

动物代表

三叶虫是寒武纪时期出现的非常有代表性的无脊椎动物。它们生命力极强，在漫长的岁月长河里演化出了许多种类。迄今为止，人们已经在寒武纪的岩层中发现了上万种三叶虫化石。

三叶虫的构造

尽管三叶虫种类很多，但它们都有一个对称的三叶结构。三叶虫的身体分为头部、躯干和尾部三大部分。它们头部和尾部的壳十分坚硬，可以抵御外敌。

未解之谜

有人说："寒武纪生命大爆发是古生物学和地质学上的一大悬案。"的确如此，自达尔文以来，这个令人惊讶的"生命大爆发"现象就一直困扰着学术界。科学家们对此纷纷提出了各种假说，但直到目前为止，还没有一个令人信服的解释，因为我们缺乏有力的具体证据。

开启"生命大爆发"的钥匙

　　20 世纪 80 年代，中国科学院南京地质古生物研究所的研究人员在中国云南澄江县帽天山发现了"纳罗虫"化石。从此，沉睡了 5.3 亿年之久的寒武纪早期世界向人类敞开了探索大门。在这之后的 10 多年间，来自世界各地的 50 多位古生物学家相继在此采集了 5 万多块化石。这对人类深入研究"寒武纪生命大爆发"具有非凡的重要意义。

抚仙湖虫

生活时期：寒武纪（距今约 5.3 亿年前）
栖息地：海底
食物：海泥
化石发现地：中国澄江

　　抚仙湖虫是"澄江生物群"代表生物之一，是无脊椎动物类群中比较原始的"前辈"。它的身体上有大约 30 个体节，外骨骼分为头、胸、腹三部分，这种身体结构与泥盆纪的直虾类动物相似。

耳材村海口鱼

生活时期：寒武纪（距今约 5.3 亿年前）
栖息地：海洋
食物：不详
化石发现地：中国澄江

　　耳材村海口鱼是一种原始的拟似鱼类，属于无颌生物。它有明显的头部和身体，还有背鳍。耳材村海口鱼被认为是至今发掘出的最古老的鱼类。

中华微网虫

生活时期：寒武纪（距今约 5.3 亿年前）
栖息地：海底
食物：不详
化石发现地：中国澄江

中华微网虫外表就像长了"长脚"的毛毛虫，体侧有 10 对或 9 对足。它体表覆盖着鳞片状的骨骼，好似穿着"作战"的盔甲。至今为止，人类还没有在地球上找到与微网虫相似的生物。

纳罗虫

生活时期：寒武纪（距今约 5.3 亿年前）
栖息地：海底
食物：海泥
化石发现地：中国、加拿大

纳罗虫是澄江化石动物群中一种比较常见的节肢动物。它只有头部和尾部，没有胸节，外壳还没有矿化。有意思的是，这种史前无脊椎动物不仅长有刺状角，尾甲上还有尾刺。

布尔吉斯页岩生物群

1909 年 8 月，美国著名古生物学家维尔卡特带领全家人到加拿大落基山脉的布尔吉斯山旅行。在返家途中，他发现了一块动物化石。由此，布尔吉斯页岩生物群正式与人类见面了。这个位于山顶的化石"宝库"里，珍藏着成百上千块保存完好的动物化石。这些化石告诉我们，早在 5 亿多年前，无脊椎动物类群就已经十分丰富了。

非凡的视觉

奇虾的眼睛长在头部侧面的肉柄上。科学家们研究发现，奇虾的眼睛与现代昆虫的复眼非常类似。而且比较奇特的是，它眼睛当中的晶状体似乎更多一些。所以，人们推测奇虾的视觉相当敏锐。有关数据表明，只有一些食肉蜻蜓复眼的晶状体数量才能与奇虾一较高下。

奇虾

生活时期：寒武纪（距今约 5.05 亿年前）
栖息地：海洋
食物：可能为三叶虫、软质微生物等
化石发现地：加拿大、中国

奇虾的体长可达 2 米多，被研究者认为是寒武纪时期海洋里的顶级掠食者。它头部长有两个巨爪，而且上面长满了尖尖的刺。虽然这种大家伙没有腿，但凭借柔软的多节身躯和身侧的片状物却可以游动自如。

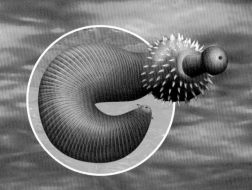

奥托亚虫

生活时期：寒武纪（距今约 5.05 亿年前）

栖息地：海洋

食物：小型贝类等

化石发现地：加拿大

奥托亚虫是寒武纪早期最常见的动物之一，属于蠕虫家族。从它圆弧形的化石来看，这些小家伙平时喜欢藏在"U"形洞穴里。奥托亚虫的捕食技艺十分高超，可以通过覆盖着细小钩状物的口部翻动淤泥来捕捉其中的美食。

威瓦西虫

生活时期：寒武纪（距今约 5.05 亿年前）

栖息地：海底

食物：海藻等

化石发现地：加拿大

从外表上看，威瓦西虫就像一只浑身带刺、穿着坚硬盔甲的刺猬。不过，它没有明显的头部和尾部，就连吃东西的嘴巴也藏在那肥大的底面之下。科学家们通过研究化石发现，威瓦西虫可能看不见东西，它平时应该是凭借嗅觉和触觉在海床上行走、寻找食物的。

奇虾的食谱里有什么？

关于奇虾这个"大怪物"究竟吃什么，至今生物界还没有确切定论。有人认为寒武纪时期的三叶虫身上存在咬痕，这很有可能就是奇虾所为。但专家觉得奇虾的嘴巴不够坚硬，不足以咬碎三叶虫坚硬的外壳。还有人提出，奇虾的食物很可能是软质微生物。

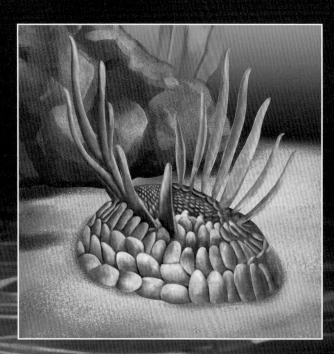

怪诞虫

生活时期：寒武纪（距今约 5.05 亿年前）
栖息地：海洋
食物：浮游生物
化石发现地：中国、加拿大

　　怪诞虫被认为是寒武纪时期长相最奇特的动物之一。这种身带尖刺并且会行走的蠕虫一经发现，就被科学家们命名为"怪诞虫"。除了骨刺外，怪诞虫的躯体上还长着很多触手，这是它的运动器官。在它身体的一端，长着一个很大的团状物，那可能是它的头部，不过上面并没有嘴巴和眼睛。

后代之谜

　　据称，英国剑桥大学研究人员的一项研究成果显示，生活在热带森林中的天鹅绒虫很有可能是怪诞虫的后代。不过，这一观点还有待证实。

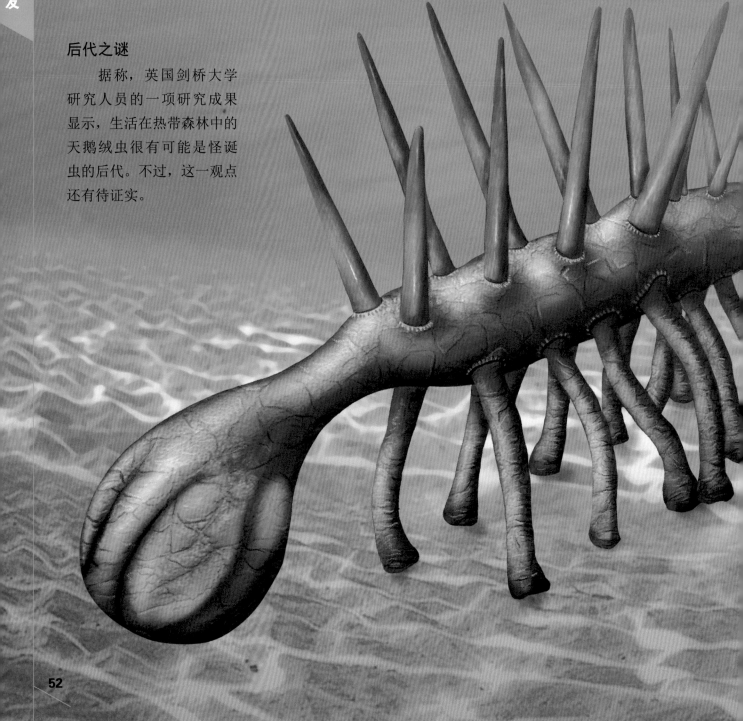

皮卡虫

生活时期： 寒武纪（距今约 5.3 亿年前）

栖息地： 海洋

食物： 有机物

化石发现地： 加拿大

　　皮卡虫的头部很小，头顶长有两个触角。不过，它却没有眼睛。所以触角很有可能是皮卡虫寻找食物的"秘密武器"。另外，人们在皮卡虫的化石中发现了脊索、肌节、血管和血管系统，所以，古生物学家认为它极有可能是很多脊椎动物的祖先。

拟油栉虫

生活时期： 寒武纪（距今 5.36 亿～ 5.18 亿年前）

栖息地： 海底

食物： 不详

化石发现地： 加拿大

　　拟油栉（zhì）虫是寒武纪时期的一种三叶虫，体长可达 10 厘米。它具备了三叶虫所拥有的一些基本特征。

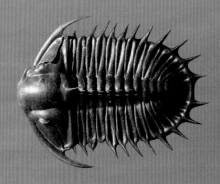

多须虫

生活时期： 寒武纪（距今 5.36 亿～ 5.16 亿年前）

栖息地： 海洋

食物： 不详

化石发现地： 加拿大

　　多须虫也是布尔吉斯页岩动物群的一员。比较有个性的是，它的头部周围长有许多爪子，所以科学家才给它起了"圣诞老人蟹"这个有趣的名字。事实上，多须虫很有可能是鲎、蜘蛛等无脊椎动物的祖先。

迷齿虫

生活时期： 寒武纪（距今约 5 亿年前）

栖息地： 海洋

食物： 藻类

化石发现地： 加拿大

　　迷齿虫是最古老的软体动物之一。扁扁的身体使它们看起来就像游动的毯子。迷齿虫的嘴巴长在腹面。牙齿就像锉刀，能轻易地将附着在岩石上的海藻刮下来。

马尔虫

生活时期： 寒武纪（距今5.15亿~5亿年前）

栖息地： 海床

食物： 不详

化石发现地： 加拿大

马尔虫是最早的节肢动物之一。它的头部是一个盾状硬壳，相当于摩托车手的"头盔"。"头盔"向后延伸出几根尖尖的"长钉"，犹如个性的"犄角"。"头盔"下是它柔软的身体。最特别的就要数它的躯干了，由25节体节构成。有趣的是，这些体节上还分布着用作呼吸的羽状肢。

变色！变色！

科学家们通过研究马尔虫的化石发现，它还是一位拥有高超技巧的"变色大师"。研究表明，马尔虫可以根据角度、位置和光线改变体表颜色。

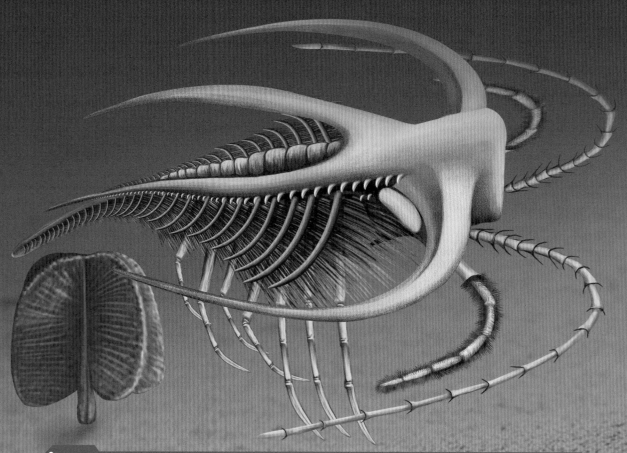

马尔虫究竟吃什么？

马尔虫生活在海床上。那么它们吃什么呢？对于这个问题，科学家们也不能给出确切的答案，但他们推测马尔虫可能是用触角在淤泥中"挖掘"食物以填饱肚子的。因为至今发现的马尔虫化石都存在于"页岩"中。而"页岩"就是由海底淤泥慢慢形成的。

欧巴宾海蝎

生活时期：寒武纪（距今5.15亿～5亿年前）

栖息地：海床附近

食物：不详

化石发现地：加拿大

    从外形来看，欧巴宾海蝎绝对称得上最古怪的史前动物之一。那5只带柄的眼睛、灵活的长鼻子以及片状的身体，使它看起来怪极了。

它有"象鼻"

    欧巴宾海蝎的鼻子与大象的鼻子一样，十分灵活，是一个能吸吮、取食和感觉的管状器官。特别的是，欧巴宾海蝎的鼻子前端还有一个长着"锯齿"的嘴爪，它就是用这个利器来抓取食物的。所以从这方面来说，欧巴宾海蝎的鼻子似乎很"先进"。

游动

    欧巴宾海蝎身体扁扁的，没有手脚，但却能在水中游动自如。科学家们认为，这可能与它体表的那些片状物有关。也许只要交替移动这些片状物，欧巴宾海蝎的身体就能呈波浪状前进了。

Part 3
生物进化的高潮

见证生物进化的奥陶纪

奥陶纪是古生代的第二个纪，开始于距今约 4.88 亿年前，在约 4.44 亿年前结束，中间持续了 4000 多万年。奥陶纪时期气候温和，世界大部分地区都被海水淹没，海洋生物的进化也由此进入了高潮阶段：原始脊椎动物开始出现，海生无脊椎动物发展达到鼎盛，低等海生植物继续发展。而且根据现有的资料来看，那时淡水植物可能也已经出现了。

海侵

海水对陆地大规模侵进的地质现象被称为海侵，也可以叫海进。奥陶纪是地壳发展历史上海侵运动非常广泛的时代。当时，地球上的大部分地区基本都遭到了海侵。受这种运动的影响，海洋的面积变得十分广阔，而海生生物也因此迎来了它们的进化高潮。

无颌鱼类

在奥陶纪早期，出现了原始脊椎动物——无颌鱼类。它们虽然有着鱼的外形，但却要比真正的鱼类原始许多。这些无颌鱼类没有上下颌骨，嘴巴无法灵活地张合，只能依靠吮吸或水的自然流动来进食。一般在它们的头部到身体前方，覆盖着骨板或鳞甲，这些结实的"铠甲"能保护它们的身体不受伤害。

现生无颌鱼类

现生无颌鱼通常被称为"圆口纲"鱼形动物，其中比较有代表性的是七鳃鳗和盲鳗。从它们身上，我们或许能找到原始无颌鱼类的一些重要线索。

Part3 生物进化的高潮

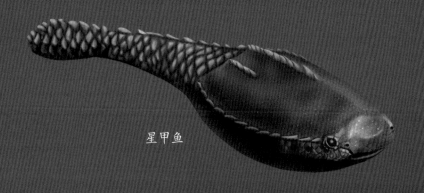
星甲鱼

异甲鱼类

奥陶纪中期，北美和澳大利亚地区活跃着另一种原始脊椎动物。它们的身体表面拥有由骨片组成的"甲胄"。这层甲胄会把头部包裹起来，其余分布在背、腹等处，保护自身。它们被古生物学家称为"异甲鱼类"，星甲鱼和显褶鱼是其中的典型代表。

海生无脊椎动物的繁荣

奥陶纪温暖的气候，让海生无脊椎动物得到了空前的发展。除了寒武纪开始繁盛的种群以外，一些"小家伙"也登上历史舞台，比如笔石、珊瑚、苔藓虫和软体动物等。而奥陶纪的主角，正是这些看似微不足道的"小家伙"。

早奥陶世（距今 4.88 亿～ 4.72 亿年前）

动物：出现了最早的原始脊椎动物——无颌鱼类。

植物：以海生藻类植物为主。

中奥陶世（距今 4.72 亿～ 4.61 亿年前）

动物：同属于原始脊椎动物的异甲鱼类十分活跃，以星甲鱼、显褶鱼为代表。

植物：以海生藻类植物为主。

晚奥陶世（距今 4.61 亿～ 4.44 亿年前）

动物：海洋无脊椎生物繁荣发展，笔石、三叶虫、鹦鹉螺类和腕足类是其中代表。

植物：以海生藻类植物为主。

丰富多彩的物种

奥陶纪的气候温和，非常适合生物的发展与进化。从已发现的化石来看，在这一时期，海洋生物发展迅速，出现了许多新种类，比如腕足动物、棘皮动物、软体动物等。而陆地上除了海边有零星海藻之外，几乎没有其他生命活动的痕迹。

鹦鹉螺

生活时期：奥陶纪至今（4.88亿年前至今）

栖息地：水底

食物：三叶虫、海蝎子等

化石发现地：世界各地

奥陶纪时期，鹦鹉螺以巨大的体形、灵敏的嗅觉以及凶猛的嘴喙称霸整个海洋，堪称顶级掠食者。当时，鹦鹉螺家族非常繁盛，成员数量是海洋动物中最多的。如今，我们只有在太平洋和印度洋海区才能搜寻到它们的身影。

触手与外壳

鹦鹉螺有数十条触手，可以帮助它捕食及运动，每当鹦鹉螺休息时，会有几条触手负责警戒。鹦鹉螺的身体蜷缩在一个螺旋状的硬壳中，同属于头足类的大部分动物都在进化中"脱"去了外壳，可鹦鹉螺的外壳却一直保留到了现代。

特别的运动方式

鹦鹉螺的运动方式十分特别，有的时候，它们会一动不动地悬浮在海中，眼睛转来转去，不断搜寻着猎物；有时它们会猛地将身体伸直，从身体里喷出一股水柱，推动着身体前进。

苔藓虫

生活时期：奥陶纪早期至今（4.88亿年前至今）

栖息地：海洋、淡水水域

食物：藻类

化石发现地：世界各地

  从外表看，苔藓虫很像植物。实际上，它们拥有完整的消化器官，是真正的动物。苔藓虫个子小小的，几乎没有活动能力。它们习惯彼此抱团，生活在固定位置上。苔藓虫会从身体表面分泌一种胶质，形成外骨骼。我们现在发现的苔藓虫化石，就是它们死去后的外骨骼。

直角石

生活时期：奥陶纪（距今4.75亿～4.6亿年前）

栖息地：海洋

食物：小型无脊椎动物

化石发现地：世界各地

  直角石被认为是已灭绝的鹦鹉螺类动物。它们的嘴巴周围长有数条柔软的腕，腕上分布着很多小吸盘。平时，直角石就用这些吸盘捕食猎物。只要猎物被吸住，就会被它们吞掉。

海百合

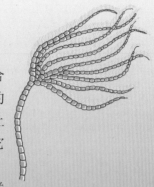

生活时期：奥陶纪早期至今（4.88 亿年前至今）

栖息地：海洋

食物：微小水生物

化石发现地：中国、德国

　　海百合并不是长在海底的百合花，而是一种棘皮动物。海百合的身体有一个像植物根茎的柄，柄上面一条条挥舞的"叶子"其实是它的触手。当猎物从它身边经过时，海百合就会用触手把它们抓住，送到嘴巴里。

海百合的化石为什么很珍贵？

　　海百合死亡后，它们的茎和萼有机会成为化石。但是，海洋不可能安安静静，海水的扰动让海百合的茎和萼四分五裂，失去了花朵般美丽的姿态。只有当海百合恰好生活在非常平静的海底，它们死后才有可能被完整地保存下来。因为环境要求比较苛刻，所以海百合化石非常稀少珍贵。

小达尔曼虫

生活时期：奥陶纪（距今约 4.65 亿年前）
栖息地：海底
食物：海藻等
化石发现地：法国、葡萄牙、西班牙

　　小达尔曼虫是三叶虫家族的一员，长着独具特色的豆状眼，然而它的视力与同类一样，并没有很出众。这种三叶虫的身体呈锥形，尾部长着小尖刺。

防御

　　大量食肉鹦鹉螺类的出现，让三叶虫感到危险。为了抵御敌人进攻，三叶虫在胸、尾长出许多针刺，以避免食肉动物的袭击或吞食。

高圆球虫

生活时期：奥陶纪晚期（距今 4.61 亿年前）
栖息地：浅水区域的礁石上或周围
食物：海藻等细小食物
化石发现地：世界各地

　　高圆球虫也是三叶虫家族的一员。它的头部十分宽阔，眉间呈扁平状，颊部的壳针已经退化，胸部由 11 个体节组成，并有向下弯曲的多刺侧板末梢，短小的尾甲上，也生长着尖刺。它的外骨骼既长又突出，上面有厚实的方解石表皮。

介形虫

生活时期：奥陶纪早期至今（4.88 亿年前至今）
栖息地：海底
食物：微生物、有机碎屑、小型无脊椎动物等
化石发现地：世界各地

　　介形虫的身体非常小，小的用肉眼都看不清，即便其中最大的成员，也不过跟米粒差不多大小。不过，别看介形虫个子小，它的结构却很复杂，各种器官发育得比较完善。为了保护柔嫩的软体，介形虫特意长出了两瓣外壳，几乎把整个身体包裹起来。

植物与动物共荣的志留纪

志留纪是古生代的第三个纪，也是早古生代的最后一个纪。它从 4.44 亿年前开始，于 4.16 亿年前落幕，持续了 2000 多万年。志留纪时期，在奥陶纪大灭绝中幸存下来的生物迎来了"春天"，而新出现的物种也得到了很好的发展。当时的自然界呈现出"动植共荣"的景象。

植物登陆

志留纪时期，地球发生了剧烈的地壳运动，海洋面积减小，陆地面积扩大。与此同时，一部分植物开始登上陆地。目前已知最早的陆生植物主要是光蕨类，它们刚登陆时，既无根也无叶，仅是一个"茎状物"。后来为了适应陆地生活，逐渐有了根、茎、叶分化的趋势。

植物的登陆使大陆逐渐披上绿装，变得富有生机。不仅如此，陆地植物在光合作用过程中大量吸收大气中的二氧化碳，排放出氧气，改善了大气圈的成分。

植物在陆地生存需要的条件

1. 植物登陆后必须不依靠水的浮力，把自己支撑起来，向上生长。
2. 植物脱离水体后，必须能够在陆地上获取生长所需的养料。
3. 植物在陆地上必须要有繁衍后代的能力，否则只是昙花一现，转瞬即逝。

即将到来的"鱼类时代"

无颌鱼类是史前时代的一个重要物种。在经历奥陶纪大灭绝后，残存的一部分无颌鱼类在新时代获得新生。在舒适的环境下，无颌鱼类迅速恢复了生机，并得到进一步发展。

除了无颌鱼类，志留纪时期，有颌类脊椎动物也正式登上生物进化史的舞台，盾皮鱼类和棘鱼类是其中代表。它们的出现是脊椎动物演化的一个重大事件，标志着物种进化的历史翻开了新篇章。鱼类开始征服水域，为接下来泥盆纪的鱼类繁荣发展创造了条件。

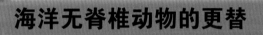

棘鱼

海洋无脊椎动物的更替

志留纪时期，海洋无脊椎动物仍然是地球生命的主流，但和奥陶纪相比，它们的种类发生了重要的变化。原本兴盛的三叶虫逐渐衰退，凶猛的板足鲎类兴起，成为了海洋中的顶级掠食者。而海底珊瑚开始成群聚集生活，逐渐形成了一片又一片动植物的乐园——珊瑚礁。

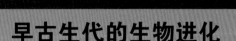

板足鲎

生物进化的高潮

早古生代的生物进化

寒武纪（距今5.42亿～4.88亿年前）	奥陶纪（距今4.88亿～4.44亿年前）	志留纪（距今4.44亿～4.16亿年前）
生命大爆发，绝大多数无脊椎动物在当时出现。	海洋无脊椎动物繁荣发展，出现原始脊椎动物，植物以海生藻类为主。	海生无脊椎动物发生更替，出现有颌脊椎动物，植物开始登陆，陆生高等植物出现。

65

志留纪时期的生物

奥陶纪大灭绝事件之后，进入了志留纪。这个时期，生物发展的速度不断加快。有颌鱼类——棘鱼和盾皮鱼开始出现；海洋以及淡水中出现了许多新的水生无脊椎动物；而三叶虫和软体动物的种类、数量也在不停地增长……

棘鲨

生活时期：志留纪（距今约 4.3 亿年前）
栖息地：河流、湖泊
食物：小型水生动物
化石发现地：世界各地

棘鲨生活在河流与湖泊中。它们身体大小的差距很明显，大的有几十厘米，小的却只有人手指那么大。棘鲨的外表和现在的鲨鱼很相似，但严格来讲，它们并不是真正的鲨鱼。

彗星虫

生活时期：志留纪（距今 4.39 亿～4.1 亿年前）
栖息地：海底
食物：浮游生物
化石发现地：世界各地

彗星虫是一种小型三叶虫。它的头上长着许多小突起，这是用来保护脑袋的。彗星虫的眼睛很可能长在一个短短的茎状突起上。当彗星虫躲藏在淤泥间的时候，只把眼睛露出来，观察周围的情况。

多种多样的三叶虫

三叶虫早在 5 亿年前就已经出现在古代海洋了。世界上曾经存在超过 1.7 万种不同的三叶虫，它们小的像跳蚤，大的有二三十厘米长。

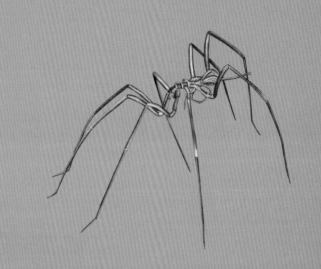

海蜘蛛

生活时期：志留纪至今（4.28亿年前至今）

栖息地：海底

食物：小型水生动物

化石发现地：世界各地

  海蜘蛛是一种蜘蛛状的海洋节肢动物，也叫皆足虫。这种动物的分布范围非常广泛，几乎各个大洋都有它们的身影，即便是现在，它们也仍然存在着。

翼肢鲎

生活时期：志留纪晚期至泥盆纪中期（距今4亿～3.8亿年前）

栖息地：浅海

食物：鱼、三叶虫等

化石发现地：欧洲、北美洲

  翼肢鲎是志留纪体形最大的板足鲎类之一，体长能达到3米以上。它拥有锋利的口钳，这对它捕捉猎物有很大帮助。翼肢鲎的化石在最初的发现者看来，就像具有翅膀一样，所以人们才把它命名为翼肢鲎。

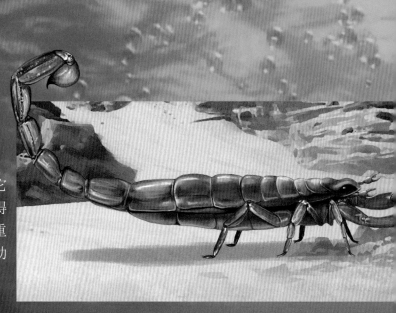

布龙度蝎子

生活时期：志留纪晚期（距今约 4.23 亿年前）

栖息地：水中

食物：小型水生动物

化石发现地：欧洲

　　布龙度蝎子又叫步龙度蝎子或雷蝎。它的外形和现代的蝎子很像，但要比蝎子大得多，体长可以达到 1 米以上。它是志留纪重要的掠食者，也是当时少数能够在陆地活动的动物之一。但由于它难以支撑自己的体重，所以无法长时间在陆地上生活。

布龙度蝎子为什么能登上陆地？

　　布龙度蝎子是较早登上陆地的动物之一。当时的环境和现在有很大不同，空气中含氧量很低，但布龙度蝎子有一套专门的"抗低氧"系统，再加上它厚厚的甲壳能抵挡地表阳光的曝晒，所以它才能离开水面，登上陆地。

板足鲎

生活时期：志留纪中期（距今约 4.28 亿年前）

栖息地：浅海

食物：小型水生动物或腐肉

化石发现地：北美

　　板足鲎别名巨蝎，但大多数板足鲎体形都很小。它的躯体分为头胸部和腹部，头部由 6 个体节组成，腹面有 6 对附肢。最后一对像小船桨一样的附肢，是它的游泳器官。

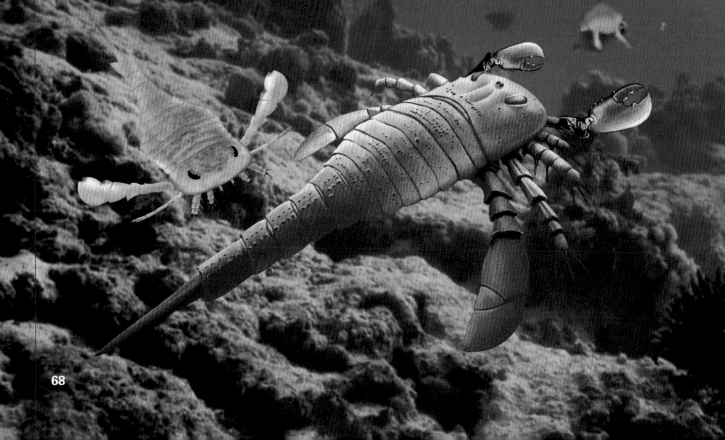

伯肯鱼

生活时期：志留纪中期（距今约 4.28 亿年前）

栖息地：淡水水域

食物：藻类

化石发现地：欧洲

　　伯肯鱼的身体呈纺锤形，表面长着一层密密麻麻、相互交叠的鳞片，身体上方还生有一列脊骨鳞。伯肯鱼正是靠着这些鳞片的保护，才在危机四伏的海洋中生存下来。

初始全颌鱼

生活时期：志留纪晚期（距今约 4.2 亿年前）

栖息地：近岸水域

食物：藻类、水母、生物碎屑等

化石发现地：中国

　　初始全颌鱼身体扁平。它一般都是贴在水底，笨拙地游来游去。古生物学家们通过化石分析，认为初始全颌鱼很有可能是最早拥有现代颌骨构造的生物。它的发现，填补了无颌鱼类进化到有颌鱼类过程中的缺失，是古生物界鼎鼎大名的"过渡化石"。

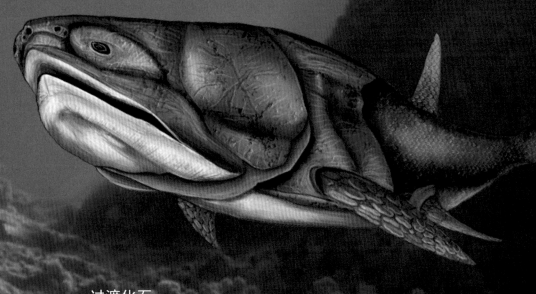

过渡化石

　　过渡化石指的是既保留有祖先原始特征，又具有其演化出后代进步的生命状态的化石。南方古猿等就是古生物界有名的过渡化石。

Part 4

鱼类时代

脊椎动物飞速发展的泥盆纪

泥盆纪是古生代的第四个纪，从 4.16 亿年前开始，于 3.59 亿年前落幕。它是地球生物界发生巨大变革的时期：原本生活在海洋中的生物大规模登陆，并在陆地上留下自己的印记。同时泥盆纪也是脊椎动物飞跃发展的阶段，各种各样的鱼类活跃在这个时代，因此泥盆纪也被称为"鱼类时代"。

登陆的脊椎动物

泥盆纪晚期，第一批脊椎动物脱离了水体，爬上了陆地，开启了脊椎动物征服陆地的历史新篇章。这些登陆的脊椎动物是最早的两栖类，由一部分鱼类直接进化而来。脊椎动物的登陆是这一时期最突出，也是最重要的事件。

从海洋到陆地的脊椎动物

奥陶纪（距今 4.88 亿～ 4.44 亿年前）	志留纪（距今 4.44 亿～ 4.16 亿年前）	泥盆纪（距今 4.16 亿～ 3.59 亿年前）
海洋里出现了原始脊椎动物——无颌鱼类，化石不多，大多是零星残破的骨片。 代表：萨卡班巴鱼、星甲鱼、显褶鱼等。	海生脊动物进一步发展，发生换代更替；出现了有颌脊椎动物，有保存比较完好的化石。 代表：伯肯鱼、棘鱼、盾皮鱼等。	海生无颌脊椎动物继续发展，种类更加丰富；部分脊椎动物脱离水体，登上陆地，成为新的物种。 代表：肺鱼、早期鲨鱼、硬骨鱼、邓氏鱼、两栖类等。

爆炸式发展的鱼类

　　泥盆纪的脊椎动物经历了一次爆炸式的发展，鱼类便是这次大发展的主角。当时的鱼类在适宜的环境下，迅速发展壮大。最原始的无颌类、在上个地质时期刚出现的盾皮鱼类、与颌连起来体长数米的节颈鱼类以及真正的鲨鱼类等，组成了泥盆纪的海洋统治者家族。

有肺的鱼类

　　肺鱼类是泥盆纪出现的新类型。和同时期的其他鱼类不同，肺鱼类除了鳃之外，还把自身的漂浮囊进化成了原始的肺。肺的存在让肺鱼类能在水面上短暂活动。肺鱼类是介于原始鱼类与两栖动物之间的重要物种，即便是现在，大自然中还有它们的身影。

节肢类

节肢类动物是世界上最庞大的种群，现在人们熟知的蜘蛛、虾、蟹、蜈蚣以及远古灭绝的三叶虫等，都是节肢动物的成员。在几亿年前的泥盆纪时代，早期陆生节肢动物进化演变为昆虫，可以说，它们就是现代昆虫的祖先。

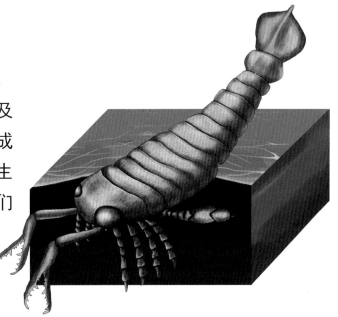

家族档案

主要特征

🐾 身体分段；

🐾 体表覆盖外壳骨架；

🐾 足部分节。

生活简介

节肢类动物从泥盆纪一直生存延续到现在，历经了几亿年风风雨雨，如今的它们依然是动物界数量最多的居民，分布在各种各样的地方。无论是深不可测的海底，还是奔腾咆哮的江河，又或是苍茫广阔的陆地，都能看到它们的踪迹，甚至有些种类直接寄生在其他动物的体内或体外。

莱茵耶克尔鲎

生活时期：泥盆纪早期（距今约3.9亿年前）

栖息地：水中

食物：其他节肢动物和鱼类

化石发现地：德国

莱茵耶克尔鲎全长2.5米，堪称当时节肢类动物中的"巨人"。从化石来看，莱茵耶克尔鲎跟现代的蝎子很像，但是要比它们大很多。莱茵耶克尔鲎还有一个名字叫海蝎，但古生物学家们认为这种动物可能生活在河流湖泊里，而不是海洋中。

镜眼虫

生活时期：泥盆纪中、晚期（距今3.8亿～3.59亿年前）

栖息地：浅水

食性：肉食

化石发现地：世界各地

镜眼虫是远古三叶虫的一种。它有着向前扩延的凸状眉间，还有一双巨大的眼睛。镜眼虫的胸部由密布的体节构成，一共12个，每个体节有许多面，能让它可以更容易卷曲。这种三叶虫最大的特点就是头鞍能向前伸出或向下弯曲。

泥盆纪是"鱼类的时代"。在这个时期，鱼类大家族空前兴盛，数不清的鱼类活跃在泥盆纪的海洋里。泥盆纪早期，海洋仍然被无颌鱼类统治着。它们在这一时期发展出了更多的后代，家族风头正盛。

家族档案

主要特征

- 🐾 不能咀嚼进食；
- 🐾 大都没有鳍；
- 🐾 部分成员头部长有坚硬外壳。

生活简介

无颌鱼类早在寒武纪时期就已经出现了。尽管它们在奥陶纪初期也发展得不错，但多数成员却在泥盆纪大灭绝中消失得无影无踪。

头甲鱼

生活时期：泥盆纪早期（距今约 4.1 亿年前）

栖息地：江河、湖泊

食物：蠕虫等

化石发现地：欧洲

头甲鱼是鱼形动物中的一员。它们长着一对用来保持平衡的骨板，一个避免身体翻倒的背鳍，一对肉质胸鳍，胸鳍是头甲鱼的主要运动器官。这些小鱼很可能用盾牌似的头部翻搅淤泥，以捕食泥中的生物为生。

镰甲鱼

生活时期：泥盆纪早期（距今约 4.1 亿年前）

栖息地：海底

食物：不详

化石发现地：欧洲

镰甲鱼的头部又大又扁，看起来非常特别。这些动作慢吞吞的家伙生活在海底。至今为止，古生物学家也没有弄清它们到底吃什么。因为镰甲鱼的嘴巴不是向下的，而是朝上开启的，这意味着它们无法铲起海底的美味。

盾皮鱼类

盾皮鱼类身体表面覆盖着结实的鳞甲。与无颌鱼相比，盾皮鱼类最大的不同是它们拥有可以咬合的上下颌。凭借这件致命武器，盾皮鱼类成为了泥盆纪海洋中凶猛的掠食者。

家族档案

主要特征

- 有上下颌；
- 尾鳍歪形；
- 没有真正偶鳍；
- 背鳍常在。

生活简介

从迄今发现的化石来看，盾皮鱼最早出现于志留纪，兴盛于泥盆纪，最后在泥盆纪大灭绝事件中基本消亡。盾皮鱼全盛时期分布非常广泛，多数生活在海洋，但也有在淡水中生存的类型。

邓氏鱼

生活时期：泥盆纪（距今 4.16 亿～ 3.6 亿年前）
栖息地：浅海
食物：古代鲨鱼、头足类、同类等
化石发现地：摩洛哥、欧洲、美国等

邓氏鱼身体强壮，呈纺锤形，头部和颈部间覆盖着坚硬的外骨骼。它的食欲旺盛，是泥盆纪的超级掠食者，海洋中绝大多数生物都在它的食谱中。但奇怪的是，邓氏鱼的嘴巴里并没有牙齿，取而代之的是双颌边缘锐利的头甲赘生，它们非常锐利，可以粉碎任何猎物。

邓氏鱼和鲨鱼

鲨鱼是现代海洋中的顶级掠食者，它 3 亿年前就已经出现在海洋中。但在当时，鲨鱼也只是其他海怪的食物罢了。尤其是邓氏鱼，它可是当时的海洋霸主。但在漫长的进化历史中，笨拙的邓氏鱼输给了自己的食物，退出了历史舞台，而灵活的鲨鱼却取代了它，成为海洋一霸。

粒骨鱼

生活时期： 泥盆纪中、晚期（距今 3.8 亿~3.5 亿年前）

栖息地： 浅水

食性： 肉食

化石发现地： 欧洲、北美洲等

　　粒骨鱼只有 40 厘米长，生活在淡水湖泊中。它的头颅宽阔扁平，眼睛在头部两侧的前方。从发现的化石来看，粒骨鱼的颚部强健有力，有骨质锐利的尖牙，但那并不是真正的齿，它会随着时间的推移产生损耗。

沟鳞鱼

生活时期： 泥盆纪早期（距今约 3.98 亿年前）

栖息地： 沿海或河道口

食物： 小型水生动物

化石发现地： 亚洲、欧洲、美洲

　　沟鳞鱼分布极广，世界大部分地区都发现了它的化石。在沟鳞鱼的头部和胸部外面，套着一个由许多块小骨板组合而成的骨甲，看上去和蟹壳有些像。沟鳞鱼并没有真正意义上的鳍，但在它胸部的"蟹壳"两边，长着一对类似翅膀的构造。

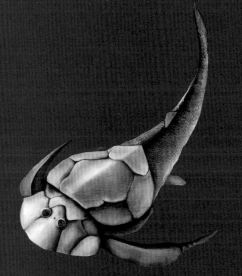

伪鲛

生活时期： 泥盆纪晚期（距今约 3.7 亿年前）

栖息地： 海洋

食物： 小型水生动物

化石发现地： 欧洲中部

　　伪鲛体长大约 20 厘米，头部宽阔，逐渐向后变细，身体扁平，有一对很大的胸鳍。在它的体表有许多"小疙瘩"，如果仔细看的话，会发现这些"疙瘩"很像鲨鱼身上的盾鳞。

盾鳞是什么？

　　盾鳞是一些软骨鱼类所特有的鳞片，比如鲨鱼。如果用手从后向前抚摸鱼的皮肤，会感觉像是在摸砂纸一样。盾鳞不仅可以保护鱼本身，还能帮它们游得更快。

肉鳍鱼类

肉鳍鱼类是硬骨鱼家族里的一个重要类群。它们身上覆盖着铠甲一样的鳞片，身体两侧长着树叶一样的肉质鳍，因而也被人们称为"叶鳍鱼类"。在泥盆纪和石炭纪，肉鳍鱼类家族尤为繁盛。

提塔利克鱼是最早拥有颈部的鱼类。

提塔利克鱼

生活时期：泥盆纪中期（距今约3.8亿年前）
栖息地：浅海
食物：小型水生动物
化石发现地：加拿大

提塔利克鱼被认为是介于鱼类和两栖类之间的物种，同时具有鱼类和两栖类的特征。它们的鱼鳍拥有原始的腕骨和指头，可能用来支撑身体，胸鳍还具有发达的肌肉组织，能够像手腕一样弯曲。提塔利克鱼的肋骨非常强壮，可以让它们离开水面，爬上陆地。

家族档案

主要特征

- 有两个背鳍；
- 体被菱形鳞片；
- 尾鳍歪形；
- 鱼鳍基为肉质，内有骨骼。

生活简介

根据化石记录，肉鳍鱼类出现在泥盆纪早期，距今约有3.9亿年。肉鳍鱼类在淡水水域和海洋里均有分布，主要生活在水深较浅的水域，捕食其他小型水生动物，堪称当时鱼类家族里的霸主。

骨鳞鱼

生活时期：泥盆纪（距今约3.9亿年前）
栖息环境：淡水水域
食物：小型水生动物
化石发现地：苏格兰、拉脱维亚、立陶宛、爱沙尼亚

骨鳞鱼的头骨和上下颌是硬骨质的，许多骨块的成分、位置和形状与早期的两栖类类似。它们的牙齿是"迷齿型"，如果放在显微镜下观察牙齿的横切面，可以看到上面的釉质层有很大的褶皱，形成的图案就像迷宫。

真掌鳍鱼

生活时期：泥盆纪晚期（距今约3.6亿年前）

栖息地：浅水

食物：小型水生动物

化石发现地：北美洲、欧洲

真掌鳍鱼身体细长，体表长着鳞片，通过内鼻孔和鳔呼吸。它们的头骨构造、牙齿类型、肉鳍骨骼的排列方式，都与早期两栖动物相似。后来在不断的演变中，逐渐变成了两栖动物。

双鳍鱼

生活时期：泥盆纪晚期（距今约3.7亿年前）

栖息地：淡水水域

食物：水生植物、小型无脊椎动物

化石发现地：北美洲、苏格兰

双鳍鱼是最早出现的一种肺鱼，身体呈长纺锤形，身上长着又大又厚的圆形鳞片，身体末端是一个粗壮的歪形尾。

潘氏鱼 ////

生活时期：泥盆纪中、晚期（距今3.8亿～3.6亿年前）

栖息地：浅海

食物：小型水生动物

化石发现地：欧洲

潘氏鱼身长90～150厘米，有一个类似于两栖类的巨大头部，是一种肉鳍鱼类与早期两栖类之间的过渡物种。

鲨鱼类

鲨鱼类是一类古老的脊椎动物，它们的化石最早出现在 4 亿多年前的泥盆纪，之后一直延续到现代。它们没有骨骼，取而代之的是由十分有弹性的软骨构成的骨架。

家族档案

主要特征

🐾 骨架由软骨构成；

🐾 没有控制浮力的鱼鳔；

🐾 必须不停地游动，否则会下沉。

生活简介

现代的鲨鱼类堪称海洋杀手，但在史前海洋中，原始鲨鱼类的日子就过得惨多了。在那些凶残恐怖的海怪面前，它们只能低调生存。

裂口鲨

生活时期：泥盆纪早期（距今约 3.98 亿年前）
栖息地：沿海或河道口
食物：小型水生动物
化石发现地：亚洲、欧洲、美洲

裂口鲨拥有长长的、流线型的身体，光看外表，和现代鲨鱼差别并不大。古生物学家研究了化石，认为裂口鲨捕猎时会用尾巴包裹住猎物，然后一口吞下。

胸脊鲨

生活时期：泥盆纪晚期（距今约 3.7 亿年前）
栖息地：海洋
食物：小型鱼类、贝类
化石发现地：北美洲、苏格兰

胸脊鲨的外表很奇怪。雄性胸脊鲨高高耸起的背鳍就像一个烟囱，上面长着一撮像牙齿的鳞片，它的头上也有很多这种牙齿状鳞片。在胸脊鲨两侧侧鳍的后方，各长着一根又长又尖的"鞭子"。这些特殊的器官让胸脊鲨成了史前长相最怪异的鱼类之一。

胸脊鲨的特殊器官有什么用处？

根据已有的化石分析，古生物学家认为这些特殊的器官很可能只出现在雄性胸脊鲨身上，应该是它们求偶的重要工具。

两栖类是海洋脊椎动物登陆后进化的种群，拥有裸露的皮肤、数量庞大的分泌腺。它们既有从海生动物继承下来可以在水中生活的能力，又有新生的适应于陆地的呼吸系统。这反映了两栖类从水生到陆地的进化与演变。

鱼石螈

生活时期：泥盆纪晚期（距今约 3.7 亿年前）
栖息地：水中和陆地
食物：小型水生动物、昆虫等
化石发现地：格陵兰、比利时、中国、北美等

鱼石螈是目前已知最早的两栖类动物。它的身体呈现出鱼类和两栖类的双重特征，已经演化出前后肢，有各自的分工。鱼石螈的后肢无法支撑起沉重的身体，只是辅助它游泳。登陆后，鱼石螈粗壮的前肢才会起到作用，拖动着整个身体，包括后肢，一点一点地前进。

家族档案

主要特征

🐾 有比较明显的四肢；

🐾 皮肤裸露；

🐾 能在水、陆交替生活。

生活简介

根据化石记录，最早的两栖动物出现在泥盆纪晚期，它们是由总鳍鱼类进化而来。这个时期的两栖类虽然有比较明显的四肢以及陆生呼吸系统，能在陆地生存，但大部分两栖类还是习惯生活在水中。

棘螈

生活时期：泥盆纪晚期（距今约 3.65 亿年前）
栖息地：北方的浅水、沼泽
食物：小型水生动物
化石发现地：格陵兰岛

棘螈是一种已经灭绝的两栖类动物，它拥有明显的四肢，每只脚上有 8 趾，趾间有蹼，但没有腕骨，并不适合在陆地行走，因此棘螈很可能一辈子都不会离开水。不过科学家公布的化石研究表明，棘螈是可以用前肢撑起头部，浮出水面来进行呼吸的。

Part 5
生物大发展

石炭纪，造煤时代

　　石炭纪开始于约 3.59 亿年前，结束于约 2.99 亿年前，是古生代的第五个纪。由于这一时期的地层中含有丰富的煤炭，因而得名"石炭纪"。在石炭纪时期，不仅海生无脊椎动物非常繁盛，陆生生物也得到了飞跃发展。

煤的形成

　　植物由于地质环境的变化而死亡。这些死亡的植物被沉积物覆盖，没有氧气，植物就不会完全分解，而是在地下形成有机物沉积。随着海平面的升降，会产生多层有机地层。经过漫长的地质作用，在温度增高、压力变大的环境中，有机层最后会转变为煤层。因埋藏深度和埋藏时间的差异，形成的煤也不尽相同。

石炭纪植物茂盛，为煤的形成奠定了基础。

由于地质环境的变化，植物大量沉积，被深埋在地层下。

在高压和缺氧的条件下，经过上亿年的时间，煤形成了。

动物家族

石炭纪是生物大发展的"黄金时代"。与泥盆纪相比，蟖（tíng）类成了海生无脊椎动物中的"主角"。腕足动物的种类虽然减少了，但数量依然很多。头足动物中尤以菊石发展较为迅速。

到石炭纪晚期，昆虫和脊椎动物迎来了重要的发展契机。一些爬行动物甚至摆脱了对水的依赖，开始走上广阔的陆地。昆虫也不示弱，犹如突然崛起的庞大家族一样，出现在茂密的森林里。

林蜥

林蜥是最早的爬行动物之一。它有锐利的牙齿，可能以昆虫或小型爬行动物为食。

氧气与巨虫

古生物学家们研究发现，石炭纪之后，陆地上就没有再出现"巨型"节肢动物。这究竟是什么原因呢？其实，这很可能与氧气有关。石炭纪时期，陆地植物繁茂，植物进行光合作用后，会释放大量氧气。氧气充足时，陆生节肢动物的呼吸系统不怎么受限，所以才能长成"巨人"。不过，这只是一种推测。

普莫诺蝎

普莫诺蝎的体长可达 70 厘米，是一种大型蝎子。古生物学家们通过化石推测，它们可能以节肢动物为食。

节肢动物的"巨虫"时代

石炭纪时，除了蜻蜓、蟑螂外，大部分昆虫家族的成员还没有出现。但当时陆地上有许多大型节肢动物。它们在广袤的陆地上四处游荡，"称王称霸"，描绘出了属于自己的"巨虫"时代。

古马陆

生活时期：石炭纪（距今约 3.5 亿年前）

栖息地：林地

食物：不详

化石发现地：苏格兰

古马陆的样子就像巨型蜈蚣，是迄今为止发现的最大的陆生节肢动物。这种庞大的家伙头上长有锋利的大颚，可以轻易取食。而且，古马陆的体表还覆盖着硬硬的"盔甲"，这让它看起来非常无敌。有关资料还表明，古马陆拥有一项特异功能：能散发特殊气味，使敌人失去食欲。

家族档案

主要特征

🐾 体形较大；

🐾 身体呈两侧对称，分节；

🐾 体表外有角质层。

生活简介

石炭纪时期的节肢动物分布范围就已经十分广泛了，天空、海洋、陆地，不同空间都有它们的身影。

行动迅速

古马陆拥有 30 节体节，每节体节上都长着 1 对足。古生物学家们基于这点推测，这种千足虫不但爬得很快，还能轻松绕过障碍物呢！当需要加速时，它就会像人迈大步一样，增加步幅。

古马陆的现代近亲行动速度也那么快吗？

与古马陆一样，它的现代近亲也喜欢呆在潮湿地带。不过，现生千足虫的行进速度就没有祖先那么优秀了，只能以波浪的形式缓慢地移动细小的腿。

蜚蠊

生活时期：石炭纪（3.5亿年前至今）
栖息地：森林
食物：腐败的植物
化石发现地：世界各地

　　史前的蜚蠊（蟑螂）与现在的蟑螂长得差不多。它们生活在森林地面上，靠灵敏的触角寻找食物。

巨脉蜻蜓

生活时期：石炭纪（距今约3亿年前）
栖息地：森林
食物：昆虫等
化石发现地：欧洲

　　巨脉蜻蜓和今天的蜻蜓一样，有细长的身体、巨大的复眼和两对透明翅膀，但体形大小可是天差地别：巨脉蜻蜓翅膀展开足有六七十厘米宽，古昆虫学家们认为它是地球上曾出现过的最大的昆虫物种。

食谱丰富

　　巨脉蜻蜓虽然体形有些大，但身姿却十分灵活。古昆虫学家们推测，它们不但会捕捉昆虫充饥，还会向那些小型两栖类动物下手。所以，才有人会说巨脉蜻蜓是石炭纪时期的"恶霸"。

巨蜻蜓

　　现在世界上最大的蜻蜓是生活在澳大利亚的巨蜻蜓。虽然它的翼展很出众，却不擅飞行。

Part5
生物大发展

石炭纪的两栖类

两栖动物既可以生活在水中，也可以生活在陆地上。它们由鱼类进化而来，具备了四肢。从泥盆纪开始，一些长有四肢的脊椎动物就开始在陆地上行走。石炭纪时，这些两栖动物仍然频繁往返于陆地与水中。

引螈

生活时期：石炭纪、二叠纪（距今3亿~2.95亿年前）
栖息地：沼泽
食物：昆虫等
化石发现地：北美洲

引螈看上去就像一条凶猛的鳄鱼，具有强大的脊椎、粗壮的四肢、巨大而扁平的头骨以及与其相匹配的血盆大口和利齿。事实上，它们没有看起来那么强悍。这些大家伙平时行动起来非常缓慢。

家族档案

主要特征

- 大都长有腕关节和肘关节；
- 不同种类脚趾数量不同；
- 在水中繁殖后代。

生活简介

石炭纪时期的两栖动物虽然具有了到陆地生活的能力，但大都只能短暂性地离开水域。

生物大发展

双螈

生活时期：石炭纪（距今约 3 亿年前）

栖息地：沼泽

食物：可能以昆虫为主

化石发现地：美国

　　从双螈的化石来看，它长有一双突出的大眼睛。也许这有利于它搜寻目标猎物，实施突击抓捕。双螈身上有许多现生蛙类和蝾螈的特征，所以它很有可能是这些动物的祖先。这意味着双螈可能也需要回到水中繁殖后代。

始螈

生活时期：石炭纪至二叠纪（距今 3.22 亿～ 2.95 亿年前）

栖息地：沼泽

食物：不详

化石发现地：欧洲

　　始螈是最早的两栖动物之一。它长长的身体像鳗鱼，大大的头骨像鳄鱼，长长的尾巴能帮助它在水中掌握方向。比起陆地，这种身体构造更适合在沼泽里生活。

爬行类出现

　　人们推测，或许早在两栖动物出现后不久的石炭纪早期，地球上就已经有爬行动物了。不过这一说法并没有被确切证实。目前，我们可以肯定的是，在石炭纪晚期，爬行动物的主要代表已经出现了。

家族档案

主要特征

- 🐾 大都产羊膜卵；
- 🐾 发育过程中不需要变态；
- 🐾 头骨较高。

生活简介

　　石炭纪时期诞生的大部分爬行类已经摆脱了对水的依赖，可以到陆地上产卵和生活。

林蜥

生活时期：石炭纪（距今约3.12亿年前）
栖息地：林地
食物：昆虫、小型爬行动物
化石发现地：美洲

　　林蜥的上下颌很长，有小而锐利的牙齿。古生物学家通过研究化石认为，它的外表可能很像小蜥蜴。

西洛仙蜥

生活时期：石炭纪（距今约3.38亿年前）
栖息地：多沼泽森林
食物：昆虫、蜘蛛
化石发现地：苏格兰

　　西洛仙蜥的骨骼结构虽然很像两栖动物，但是它们却能长时间生活在陆地上，并在陆地上产卵。古生物学家认为，西洛仙蜥可能与蜥蜴一样，靠追捕灌木丛中的昆虫为生。

始祖单弓兽

生活时期: 石炭纪晚期(距今约 3.2 亿年前)
栖息地: 林地
食性: 肉食
化石发现地: 北美洲

　　始祖单弓兽的体形较大,颌部强壮,具有大小相近的犬齿。它的化石与林蜥、油页岩蜥的化石一同在美洲被发现。

中龙

生活时期: 石炭纪晚期(距今约 3 亿年前)
栖息地: 水潭、溪流
食物: 主要是鱼类
化石发现地: 非洲、南美洲

　　中龙的骨骼不大,身材修长,身后有一条灵活的长尾巴。它的下颌比较长,嘴里还长满了锋利的牙齿,能轻易捕到游动的鱼。它是最早的水下爬行动物之一。

油页岩蜥

生活时期: 石炭纪晚期(距今约 3.02 亿年前)
栖息地: 陆地
食物: 昆虫
化石发现地: 美洲

　　油页岩蜥有类似犬齿的牙齿。人们后来也在史前兽孔类哺乳动物的身上发现了这个特征。

"风云骤变"的二叠纪

进入二叠纪以后，大陆板块之间的活动更加剧烈，陆地面积由此逐渐扩大，海洋范围不断缩小。受这些因素的影响，地球的生态环境也发生了很大变化。为了适应这种改变，生物界的成员们纷纷做出了选择——不断进化。在这个过程中，地球上又涌现出了一批形态各异的动植物。

裸子植物出现

二叠纪初期，地球上的植物仍然同石炭纪一样，以蕨类植物为主。直到二叠纪末期，裸子植物才取代它们，变成了植物界的"主角"。从这时开始，自然界中的松柏类树木成倍地增长，苏铁类植物也不甘示弱，快速拓展"领土"。不过，这些变化在北方大陆比较明显。

蕨类植物

裸子植物苏铁

爬行类的繁盛

二叠纪时期，地球上一些地区的地势升高，气候逐渐变得干燥起来。此时，爬行动物可以在陆地上繁殖后代了。这意味着新生爬行动物能尽快适应新环境，直接在陆地上成长，所以爬行动物家族便很快兴盛起来。二叠纪时，爬行动物家族已经有杯龙类、盘龙类以及兽孔类等不同种类的成员了。

盘龙

脊椎动物新发展

二叠纪时期，脊椎动物的演化得到了进一步发展。海洋中，软骨鱼类和硬骨鱼类都出现了很多新类型；陆地上，两栖动物进一步繁盛，并逐渐成为陆地上的统治者；与此同时，爬行动物也有了新发展。不过，在二叠纪末期的大灭绝事件中，无论是海洋还是陆地，脊椎动物还是无脊椎动物，都遭受了毁灭性的打击。

三叶虫

巨头螈

巨蜥龙

二叠纪的两栖类

在二叠纪这一地质时期内，迷齿类两栖动物仍然是两栖动物的主体。它们不断发展、进化，逐渐成为当时具有统治地位的动物群体。可以说，二叠纪是两栖动物发展的另一个"黄金时代"。

家族档案

主要特征

🐾 头骨结构坚固；

🐾 多数种类的牙齿釉质层的横切面呈迷路构造；

🐾 四肢粗壮，结构分化明显；

🐾 水陆双栖，体温不恒定。

生活简介

史前两栖动物的生活习性与现生两栖动物很相似。它们不但经常出没于溪流、江河、湖泊之中，还可以在陆地上生活。

蜥螈

生活时期：二叠纪早期（距今约 2.9 亿年前）

栖息地：沼泽

食物：不详

化石发现地：美国、德国

一直以来，很多人认为蜥螈是爬行动物中的一员。因为它们那粗壮的四肢似乎更适合在陆地上生活。但古生物学家们研究发现，蜥螈的近亲在幼年时期与蝌蚪一样会在水中度过。所以，他们推测蜥螈也有这样的习性，应该被归为两栖动物。

莫氏巨头螈

生活时期：二叠纪（距今约 2.8 亿年前）

栖息地：溪流、湖泊

食物：鱼类等

化石发现地：美国、澳大利亚等

正如它的名字一样，莫氏巨头螈有一个沉重的头骨。这种史前两栖动物皮肤粗糙、四肢粗壮，有些像鳄鱼。比较特别的是，莫氏巨头螈的背部长有由骨质鳞片重叠而成的甲胄。

Part5

生物大发展

笠头螈

生活时期：二叠纪（距今约 2.7 亿年前）

栖息地：河流、沼泽等

食物：不详

化石发现地：美国

　　笠头螈的样子有些古怪，看起来就像长着"飞镖头"的大蜥蜴。它的头部呈三角箭头形，并向左右突出，比身体还要宽，双眼长在头背上，嘴巴却长在头腹面。此外，它还有一条长长的尾巴。古生物学家们认为，笠头螈之所以长成这副模样，很可能是为了御敌和游泳。

阔齿龙

生活时期：二叠纪（距今约 2.56 亿年前）

栖息地：陆地

食性：草食

化石发现地：北美洲

　　阔齿龙的四肢粗大，骨骼笨重。与其他两栖动物对水的依赖不同，阔齿龙可以长时间在陆地上生活。

现生蝾螈与祖先有哪些共同之处？

　　从现生蝾螈的身上，我们仍然可以看到它们祖先的影子。现生蝾螈同样喜欢潮湿的环境，大部分栖息在淡水水域和沼泽地区。不过，经过长时间的演化，这些后代的皮肤要光滑得多。因为它们要靠光滑的皮肤来吸收水分。

原始的杯龙类动物

　　杯龙类动物是史前爬行动物中最原始的成员。早在石炭纪，有些杯龙类成员就已经活跃在地球上了。到了二叠纪，杯龙家族逐渐壮大、兴盛起来，出现了很多新成员。大量化石和史前遗迹表明，爬行类其他家族都是由杯龙类动物进化而来的。

巨颊龙

生活时期：二叠纪至三叠纪（距今2.6亿～2.5亿年前）
栖息地：潮湿的低地
食物：植物
化石发现地：世界各地

　　二叠纪时期，地球上有一种非常丑陋的爬行动物——巨颊龙。它们不仅长着粗短的四肢和桶状身体，皮肤上还布满了大大小小的疙瘩。这种体形出众的大家伙动作十分笨拙，身影却遍布世界各地。可惜的是，它们的生命历程非常短暂，只生存了不长时间，就在二叠纪大灭绝事件中销声匿迹了。

家族档案

主要特征

🐾 头骨未退化，表面有纹饰；

🐾 吻短，无次生腭。

生活简介

　　本类动物种类繁多，生活方式复杂多样。

泥浆浴

　　发现于俄罗斯的巨颊龙化石显示，它似乎生活在泥潭里。古生物学家推测，巨颊龙可能与现生动物犀牛一样，偏爱到泥沼里避暑纳凉。也许，它同样会用这种方式除去身上那些可恶的寄生虫。

Part5

生物大发展

前棱蜥

生活时期：二叠纪中、晚期

栖息地：不详

食物：植物

化石发现地：北美洲

　　前棱蜥是一种小型杯龙类动物。它的头呈三角形，四肢粗壮。根据其骨骼特点，古生物学家推测，前棱蜥应该是一种行动速度非常缓慢的动物。

湖龙

生活时期：二叠纪（距今约 2.51 亿年前）

栖息地：溪流、湖泊岸边

食物：不详

化石发现地：北美洲

　　湖龙拥有十分粗壮的骨架和坚硬的头骨。它的颚部长有许多尖尖的牙齿，最前端的牙齿长长的，看起来十分锋利。

斯龙

生活时期：二叠纪（距今约 2.51 亿年前）

栖息地：平原

食物：植物

化石发现地：俄罗斯

　　斯龙有着坚韧的装甲皮层和庞大的体形。它们是一种非常能吃的植食性动物，每天需要食用大量树叶和草补充体力。

生物大发展

盘龙家族

盘龙类爬行动物是石炭纪末期与二叠纪早期陆地上的主要动物类群。二叠纪初期，这个动物家族发展达到了高峰，成为当时实力雄厚的优势家族。家族中的成员们在复杂多变的环境中留下了属于它们的生命印迹。

家族档案

主要特征

🐾 体表缺乏鳞片；

🐾 具有四足；

🐾 牙齿分化，具有不同功能。

生活简介

盘龙类动物是一种类似哺乳动物的爬行动物。它们的家族繁盛史贯穿整个二叠纪。但是，二叠纪末期，它们却走向衰落，逐渐被其后代兽孔类动物取代了。

基龙

生活时期：二叠纪早期（距今约2.9亿年前）

栖息地：森林

食物：植物

化石发现地：欧洲、美洲

无论是身体结构还是行进姿态，基龙都很类似现在的爬行动物。它们的头部短而宽，看起来与长长的身体极不协调，背上还有巨大的背帆。基龙是草食性动物，当遇到危险时，会联合同类一起御敌。

杯鼻龙

生活时期：二叠纪（距今约 2.6 亿年前）
栖息地：平原
食性：植食
化石发现地：北美洲

　　杯鼻龙的身材就像一个大大的圆球，显得有些笨重。不过，它们不需要太大的运动量就可以填饱肚子。因为杯鼻龙只要伸出那巨大的趾爪，就能挖掘到营养丰富的植物根茎。

蛇齿龙

生活时期：二叠纪（距今 3.06 亿～2.8 亿年前）
栖息地：河流、池塘
食物：鱼类、小型动物
化石发现地：北美洲

　　从古生物学家挖掘出的蛇齿龙化石可以看出，这是一种颅骨很深、长有长颌并拥有锐利牙齿的爬行动物。人们推测，外形霸气的蛇齿龙可能栖息在水域附近，伺机捕食各种鱼类。

异齿龙

生活时期：二叠纪（距今 2.8 亿～2.65 亿年前）
栖息地：不详
食性：肉食
化石发现地：北美洲、欧洲

　　异齿龙无论身材还是面貌，都与基龙长得十分类似，背上有一排高高突起的"帆"。不过，异齿龙要凶猛得多。在当时，它可是顶级掠食者，经常捕食包括基龙在内的其他爬行动物。

背帆有什么奇妙的用处？

　　异齿龙最主要的特征就是背部长有一个高高的背帆。古生物学家推测，背帆有可能就是它控制体温的"调节器"。不仅如此，异齿龙也许还能凭它吸引配偶或恐吓敌人。

哺乳动物的"祖先"

二叠纪中期到三叠纪期间，地球上曾经有一大群类似哺乳类的爬行动物繁盛一时，其中的某些成员最后进化成为哺乳动物。这个神秘的动物类群就是由盘龙类动物演化而来的兽孔类动物。

家族档案

主要特征

🐾 多数成员拥有类似哺乳动物的门齿、犬齿、白齿；

🐾 口腔内有骨质硬腭；

🐾 四肢出现了肘向后、膝向前和肢体向下的哺乳动物姿态。

生活简介

兽孔类动物已经具备了哺乳动物某些特征，但仍被归于爬行动物的行列。它们的足迹遍布除澳大利亚以外的各个大陆，其中尤以南非数量为最多。

麝足兽

生活时期：二叠纪晚期（距今约2.55亿年前）
栖息地：森林
食物：植物
化石发现地：南非

麝（shè）足兽有一个厚重的头颅以及一条短粗的尾巴，它的前肢向身体两侧伸展，有些类似于现生爬行动物蜥蜴。而它的后肢是直立的，与现生哺乳动物很像。尽管体形优于同一时期的其他动物，但麝足兽却是一个"素食主义者"。古生物学家推测，攻击力不强的麝足兽很有可能是其他掠食性动物的重要捕食对象。

角头兽

生活时期： 二叠纪（距今2.55亿～2.51亿年前）
栖息地： 森林
食物： 植物
化石发现地： 南非

　　角头兽是麝足兽的近亲，生活习性与麝足兽十分类似。比较特别的是，角头兽的鼻骨和额骨之间有一个突出的"角"。

双齿兽

生活时期： 二叠纪（距今约2.55亿年前）
栖息地： 沙漠
食物： 植物
化石发现地： 非洲、亚洲

　　双齿兽的头很大，上颌嘴侧还有一对外露的长牙。人们在双齿兽的化石附近发现了洞穴的痕迹。古生物学家推测，双齿兽可能偏爱穴居。二叠纪晚期，双齿兽所在的大陆沙漠广布，所以，它们很有可能在沙漠中以洞为居，进食沙漠植物。

水龙兽

生活时期： 二叠纪
　　　　　　（距今约2.5亿年前）
栖息地： 湖泊、池沼附近
食物： 植物
化石发现地： 亚洲、非洲等

　　水龙兽有像河马一样矮胖的身体、蜥蜴一样的四肢。它的嘴里长有两根锋利的长獠牙，鼻孔和眼睛高高在上。有关研究表明，水龙兽是二叠纪生物大灭绝的幸存者，曾在没有天敌和争食者的舒适环境下，安然地生存了上百万年。

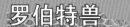

罗伯特兽

生活时期：二叠纪晚期（距今约 2.55 亿年前）

栖息地：林地

食物：植物

化石发现地：南非

    罗伯特兽是一种小型植食性动物，与现在的家猫差不多大。它的嘴巴里面长有一对突出的犬牙。

冠鳄兽

生活时期：二叠纪（距今约 2.55 亿年前）

栖息地：林地

食性：杂食

化石发现地：俄罗斯

    冠鳄兽头上的数个角状物让它看起来非常有个性。其中，头顶的两个"犄角"有些类似麋鹿的鹿角，非常醒目。但是，直到现在人们也没有弄清这"犄角"到底有什么作用。

姜氏兽

生活时期：二叠纪（距今约2.6亿年前）

栖息地：不详

食物：可能是植物

化石发现地：非洲

　　姜氏兽四肢短粗，体形出众，是当时动物中的大块头。这种动物长有很多枚锐利的牙齿，其中犬齿尤为突出。目前，古生物学家一直无法确定它的食性。

丽齿兽

生活时期：二叠纪（距今约2.52亿年前）

栖息地：沙漠、针叶林

食性：肉食

化石发现地：蒙古国、俄罗斯

　　丽齿兽有时会被称为"二叠纪的野狼"，这源于它长有锋利的犬齿，能轻易撕开其他动物的皮肉。其实，丽齿兽不但善于撕咬，还非常善于奔跑。二齿兽、水龙兽等动物就时常在它的追击之下败下阵来，变成了美味大餐。

狼蜥兽

生活时期：二叠纪（距今约2.51亿年前）

栖息地：不详

食性：肉食

化石发现地：俄罗斯

　　狼蜥兽身体健壮，头骨巨大，可以说是兽孔类动物中的"危险者"。它性情非常凶猛，那又大又锋利的牙齿足以让同一时期的其他动物望而生畏。

Part 6
爬行动物的时代

爬行动物崛起的三叠纪

三叠纪是指从2.51亿年前至2亿年前的地质时代，是中生代的第一个时期。二叠纪晚期的大灭绝让许多生物消失了，旧的格局被打破，幸存的种群——爬行动物在新世界得以迅速扩张、崛起。

幸存的爬行动物

爬行动物最早出现在石炭纪，在二叠纪时期进一步发展。但大灭绝的到来让爬行动物遭受了重创。不少爬行类没能度过这场灾难，只有几种似哺乳爬行动物存活了下来，如二齿兽等。

为什么叫三叠纪？

人们最早在德国发现了这段时期沉积的地层。地质学家发现地层的颜色和岩石结构明显由三个部分组成，所以他们把这段时期称为"三叠纪"。

爬行类和两栖类的对抗

二叠纪大灭绝结束后，幸存的爬行动物进入了迅速扩张的阶段。一个新势力的诞生，会和旧势力产生冲突，新兴的爬行类也是如此，它们开始和一些在灾难中存活下来的大型两栖动物对抗。这些两栖动物巨大而强壮，经常捕食小型爬行动物，算得上是爬行动物的天敌。

爬行动物掌权

三叠纪时期，地球气候炎热干燥，而爬行动物的身体表面被鳞片覆盖，可以保证身体水分不会流失。与皮肤柔软湿润、喜欢潮湿环境的两栖动物比起来，爬行动物更加适应三叠纪的气候。后来，爬行动物开始在全世界范围内繁衍生息，成为当时地球的"霸主"。

会飞的爬行动物

在人们的印象中，爬行动物是一种在陆地上爬行的动物。但在三叠纪，却出现了一种可以飞行的爬行动物——翼龙。它们有些嘴巴很长，里面全是锋利、细小的牙齿，身体侧面有着类似翅膀的皮肤膜，身后大多长着长尾巴。翼龙是地球历史上第一种会飞的脊椎动物。

水中的爬行动物

三叠纪时期，许多陆生的爬行动物回归水域，重新适应了在水中的生活方式。比如楯齿龙、幻龙、原始鱼龙等。这些爬行动物平时生活在水中，极少回归陆地，只有个别爬行动物会在繁殖期上岸产卵。由于要在水中生活，它们的身体大多数呈流线型，四肢也变成了桨状的鳍。

繁盛的裸子植物

裸子植物是一种进化程度较高的陆生高等植物，最早出现在古生代泥盆纪。它历经石炭纪、二叠纪的演化、发展，在三叠纪时迎来了繁荣期，并在三叠纪晚期一举成为陆地植物的主要"统治者"。

裸子植物

所有裸子植物的种子都是由裸露在空气中的胚珠发育而成的，因此，"裸子植物"这个名字的意思就是"裸露的种子"。

铁树

铁树又叫苏铁，起源于二叠纪，三叠纪开始繁盛，侏罗纪到达鼎盛，直到白垩纪才逐渐走向衰落，它在全盛时期几乎遍布地球。苏铁的历史比恐龙还要久远，被古植物学家誉为"植物活化石"。

为什么叫铁树？

苏铁为什么被称为"铁树"呢？一种说法是因为苏铁木质密度大，放到水中不会漂浮，而是立刻沉下去，就好像铁块一样沉重；另一种说法就比较现代了，科学家发现苏铁在生长的过程中需要大量铁元素，所以才叫铁树。

铁树开花

俗话说"千年铁树开了花",铁树开花就这么困难吗?其实铁树这种植物的寿命长达几百年,开花并没有什么规律,所以很不容易看到它开花。但是,只要温度等条件适宜,还是能开花的。

铁树雌花与雄花

铁树雌雄异株,雄花长在叶片的内侧,雌花长在茎的顶端。铁树雄花呈长棒状,上面生长着密密麻麻的小孢子叶;铁树雌花是一丛向外伸展的心皮,看上去有些像鸟窝,表面有淡褐色和灰黄色的茸毛。

"凤凰蛋"

铁树的果实又叫"凤凰蛋",个子不大,质地坚硬,呈橘红色。铁树的果实含有毒素,可以少量入药,但不能直接食用。

苏铁杉

苏铁杉已经灭绝了,但它们在三叠纪可是常见的植物。苏铁杉的树枝细长,叶子大多呈椭圆形或针形,沿着枝条左右对称生长。

铁树雄花

铁树雌花

凤凰蛋

苏铁杉化石

棘皮类

棘皮类动物最早出现在距今约 5.4 亿年前的寒武纪。三叠纪时期，原始棘皮类动物灭绝了不少，但也出现了许多新的种类。棘皮类动物的生命力很强盛，即便是现在，还能在海洋中看到它们的身影。

家族档案

主要特征

🐾 没有头，没有大脑；

🐾 大多生活在海底；

🐾 移动缓慢。

生活简介

三叠纪的棘皮动物种类和数量非常多，无论是在浅海沿岸，还是几千米的深海都有广泛分布。大部分棘皮动物生活在海底，靠捕食其他小型水生动物为生。

Part6

爬行动物的时代

石莲

生活时期： 三叠纪中期（距今 2.35 亿~2.15 亿年前）

栖息地： 浅海

食物： 浮游生物

化石发现地： 欧洲

石莲生活在海底，远远看去，就像植物一样。它们长有 10 只羽状臂，那是捕食的秘密工具。当一些小型生物从石莲附近经过时，石莲就会用满是黏液的羽状臂牢牢粘住猎物，然后再用细毛把猎物扫入位于身体中央的口中，以填饱肚子。如果遇到掠食者袭击，石莲则会迅速收缩羽状臂，做出防御姿态。

昆虫最初只是一类细小、无翅、生活在地面上的动物。后来它们演化出翅膀，成为世界上第一批会飞的无脊椎动物。学会飞行让昆虫增加了生存能力，三叠纪时期，昆虫家族已经演化出了许多新物种。

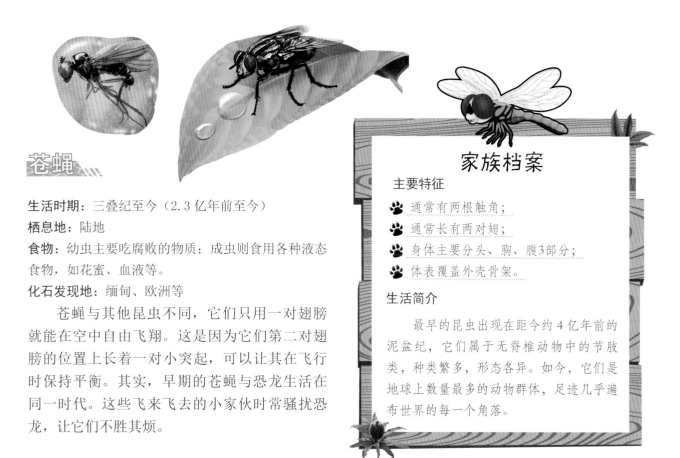

苍蝇

生活时期：三叠纪至今（2.3亿年前至今）
栖息地：陆地
食物：幼虫主要吃腐败的物质；成虫则食用各种液态食物，如花蜜、血液等。
化石发现地：缅甸、欧洲等

苍蝇与其他昆虫不同，它们只用一对翅膀就能在空中自由飞翔。这是因为它们第二对翅膀的位置上长着一对小突起，可以让其在飞行时保持平衡。其实，早期的苍蝇与恐龙生活在同一时代。这些飞来飞去的小家伙时常骚扰恐龙，让它们不胜其烦。

家族档案

主要特征

🐾 通常有两根触角；
🐾 通常长有两对翅；
🐾 身体主要分头、胸、腹3部分；
🐾 体表覆盖外壳骨架。

生活简介

最早的昆虫出现在距今约4亿年前的泥盆纪，它们属于无脊椎动物中的节肢类，种类繁多，形态各异。如今，它们是地球上数量最多的动物群体，足迹几乎遍布世界的每一个角落。

苍蝇的生长过程

苍蝇的一生要经历4个阶段：卵、幼虫（蛆）、蛹、成虫。它们各个时期的形态完全不同。

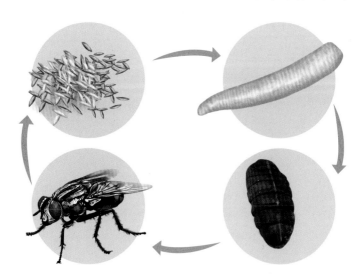

卵：乳白色，呈香蕉形或椭圆形，只有1毫米大小。

幼虫（蛆）：有三个阶段，颜色从白色到乳黄色。畏光，喜欢钻孔，吃腐败物质。

蛹：呈桶状，颜色由淡变深，最终变为栗褐色。

成虫：破蛹而出，有1对翅膀。

爬行类

爬行动物属于脊椎动物的一支，是从两栖动物进化而来的。它们的骨骼发达，运动能力更强；皮肤裸露，表面布满鳞甲，可以保证身体水分不会流失。所以，与两栖动物相比，爬行动物的身体构造与生理功能更能适应三叠纪的地球环境。

家族档案

主要特征

🐾 体表覆盖角质的鳞或甲；

🐾 用肺呼吸；

🐾 体温不恒定；

🐾 绝大多数为卵生。

生活简介

三叠纪是爬行动物最兴盛繁荣的时代。在这个时期，爬行类遍布地球各处，不管是在无尽的大海，还是广袤的陆地，或者辽阔的天空，到处都有爬行动物的身影。

犬颌兽

生活时期： 三叠纪早期（距今 2.47 亿～ 2.37 亿年前）

栖息地： 林地

食物： 肉类（可能为腐肉）

化石发现地： 中国、南非、南美洲、南极洲

犬颌兽的外表和狗很像，是一种很接近哺乳类的爬行动物。它个子不高，又矮又胖，身体强壮，体表可能长有毛发。犬颌兽的脑袋很大，长着锋利的牙齿，咬合力十分强，性格很凶猛，这让它成为了三叠纪早期残暴的掠食者。

波斯特鳄

生活时期： 三叠纪中、晚期（距今 2.3 亿～ 2 亿年前）

栖息地： 北美洲丛林

食物： 小型爬行动物

化石发现地： 美国

波斯特鳄的外表有些像鳄鱼和恐龙的综合体，看上去非常凶恶。波斯特鳄有一个巨大的脑袋并有大大的鼻孔，因此它们在捕猎的时候，可能是靠发达的嗅觉去寻找猎物的。

灵鳄

生活时期：三叠纪晚期（距今约 2.1 亿年前）

栖息地：北美西部的丛林

食性：未知，可能是杂食

化石发现地：美国

灵鳄长着一颗小脑袋，眼睛大大的；前肢细小，后肢粗壮，经常用两足走路；长尾巴可以帮它保持平衡。灵鳄和恐龙长得很像，运动方式也接近，甚至连饮食习惯也和恐龙区别不大，但它并不是恐龙，而是其他爬行动物。

长颈龙

生活时期：三叠纪中期（距今 2.45 亿～2.28 亿年前）

栖息地：海岸边

食物：鱼类

化石发现地：欧洲、亚洲、中东

长颈龙的样子非常古怪，它的脖子很长，相当于身体一半的长度，由 12 块颈椎骨组成，每块颈椎骨相当长。科学家对长颈龙的生活方式十分好奇，毕竟这么长的脖子既不适合爬行，也不适合游泳，那它该怎么生存呢？人们猜测，长颈龙很可能是躺在海岸或湖岸边，直接用长脖子捕鱼。

鳄龙

生活时期：三叠纪中期（距今约 2.3 亿年前）

栖息地：水边

食物：小型鱼类、龟类、软体动物

化石发现地：亚洲、美洲

鳄龙从外表看上去很像鳄鱼，身材修长，一般可以达到 9 米。脑袋不算大，吻部很长，嘴里密布着小而强健的牙齿，可以咬碎贝类的外壳以及猎物的骨骼。

鱼龙类

鱼龙类是史上最大的海栖爬行类，它们的外表和现代的鱼类有些相像。鱼龙类的祖先原本是在陆地上生存的爬行动物，由于气候变化等原因，它们重新回到水域，慢慢适应了水中的生活。鱼龙类动物的习性和海豚有些类似，它们都是在水中生长、捕食、繁殖，但必须回到水面呼吸新鲜空气。

家族档案

主要特征

🐾 卵胎生；

🐾 用肺呼吸空气；

🐾 在水下视力良好；

🐾 有划水和保持平衡的鳍。

生活简介

鱼龙类生活在距今 2.45 亿年前的三叠纪中、晚期，在侏罗纪时期广泛分布在海洋中，直到白垩纪才逐渐消亡、灭绝，海洋霸主的地位由蛇颈龙类取代。

混鱼龙

生活时期：三叠纪中期（距今约 2.3 亿年前）

栖息地：海洋

食物：鱼类

化石发现地：亚洲、欧洲、北美洲

混鱼龙是最小的鱼龙类之一，体长只有 1 米，狭长的吻部长满锋利的牙齿。它靠左右摆动尾巴在水中游泳前进。捕猎的时候，混鱼龙可能会迅猛地加速，突然攻击鱼群，用吻部去捕捉鱼类，然后吃掉。

肖尼鱼龙

生活时期：三叠纪晚期（距今 2.25 亿～ 2.08 亿年前）

栖息地：海洋

食物：鱼类、乌贼

化石发现地：北美洲

肖尼鱼龙的眼睛很大，吻部细长，嘴里没有牙齿，捕猎的时候只能吞食猎物，不能咀嚼，因此软体动物乌贼就成了它们最好的食物。肖尼鱼龙身躯庞大，在加拿大发现的化石足有 20 米，最特别的是它的四个鳍非常大，是最大的海生爬行动物之一。

幻龙类有点像现代的海豹和海狮，是从陆生爬行动物逐渐演化而成的。它们还不能完全适应水中的生活，有的幻龙类仍然长着爪形足，这意味着它们依旧有在陆地上行走的能力。

家族档案

主要特征

🐾 四肢向鳍状肢演化或已演化成鳍状肢；

🐾 牙齿锋利，向外突出；

🐾 头骨小而扁平。

生活简介

幻龙类最早出现在三叠纪早期，在三叠纪中晚期，它们开始繁荣兴盛。等到了侏罗纪，它的一支发展为蛇颈龙类，成了当时的海洋霸主之一。

鸥龙

生活时期：三叠纪中期（距今约2.34亿年前）

栖息地：岸边、浅海

食物：小鱼、虾

化石发现地：西班牙

鸥龙的身体不大，大约只有60厘米，是水生爬行动物中体形较小的一种。和其他幻龙不同，鸥龙为了更好地适应水中生活，前肢已经演化成鳍状肢。科学家推测，欧龙游泳的能力比较差，大部分时间都生活在陆地上，或只能在浅水中猎食。

幻龙

生活时期：三叠纪（距今2.4亿~2.1亿年前）

栖息地：海洋

食物：鱼类

化石发现地：中国、欧洲、北非

幻龙的身体修长，呈流线型，脖子和尾巴都非常灵活。它的牙齿又尖又细，就像一根根细针一样。幻龙合上嘴巴，牙齿上下相扣，可以形成一个封闭的"笼子"，把猎物困在口中。

声东击西

幻龙的脖子很长，脖颈肌肉很发达，因此一些科学家推测，幻龙在捕猎的时候，很可能转过长脖子，扭头突袭路过的鱼群。这种"声东击西"的行为和鳄鱼很像。

翼龙类

三叠纪后期，地球出现了第一种飞上天空的爬行动物——翼龙。最原始的翼龙体形通常很小，身体表面有些毛发，翅膀由薄薄的皮质膜组成，一端连着大腿，一端连着前爪，有一根僵硬的长尾巴。根据化石分析，翼龙能够扇动翅膀飞行，当然，效率比不上现代鸟类。

翼龙不是恐龙

许多人都认为翼龙是恐龙的一种，这其实是不对的。所谓恐龙，指的是特定的陆生爬行动物，能够用后肢站立，包括蜥臀目和鸟臀目。而翼龙只是可以在空中飞行的爬行动物，并不是恐龙。

家族档案

主要特征

- 🐾 翅膀由皮质膜构成；
- 🐾 中空的骨骼；
- 🐾 大眼睛，颌部窄长。

生活简介

翼龙类最早出现在距今2.15亿年前的三叠纪晚期，直到6600万年前的白垩纪晚期才灭绝。它们的化石分布非常广泛，亚洲、欧洲、北美、南美、澳洲、非洲等地都有发现。

在地上的活动

传统的观点认为，当在天空飞翔的翼龙落到地上，恐怕将寸步难行。但最近，科学家们对许多翼龙的化石进行了研究，最后得出结论，大部分翼龙在地面上的活动都很顺利，它们可以比较快速地行走和奔跑。

蓓天翼龙

生活时期： 三叠纪晚期（距今2.21亿～2.1亿年前）
栖息地： 河谷、沼泽
食物： 昆虫
化石发现地： 意大利

蓓天翼龙的骨架很轻盈，非常接近现代鸟类。它的尾巴很长，由尾部骨节组成，在飞行的时候能帮它稳定身体。蓓天翼龙的主要食物可能是昆虫，它的牙齿呈圆锥形，非常尖利，能轻易咬碎昆虫坚硬的外壳。

真双型齿翼龙

生活时期：三叠纪晚期（距今约 2.1 亿年前）

栖息地：沿海地带

食物：鱼类，可能也捕食昆虫

化石发现地：意大利、格陵兰岛

　　真双型齿翼龙的脑袋大、脖子短，牙齿尖锐，前肢发达。它的尾巴很长，几乎相当于身体总长的一半，在尾巴的末端，长着一个钻石形的尾翼，这能帮助它在飞行时掌控方向。捕猎的时候，真双型齿翼龙会扇动双翼，在海面低飞，猎食水中的鱼类和空中飞行的昆虫。

密密麻麻的牙齿

　　真双型齿翼龙的颌部只有人的一根手指那么短，但里面却密密麻麻地长着 100 多颗牙齿。它们向外突出的牙齿能轻松叼住滑溜溜的鱼，而后面的牙齿可以帮助它们咀嚼食物。

兽孔类

兽孔类早在二叠纪就已经出现，是非常接近哺乳类的动物，算得上是哺乳类的祖先。三叠纪时期，兽孔类进一步演化，与真正哺乳类的差距越来越小。

家族档案

主要特征

🐾 巨大的头部；

🐾 强壮的身体；

🐾 牙齿分化出门齿、犬齿、白齿；

🐾 有垂直于地面的四肢。

生活简介

兽孔类曾经广泛分布在世界各地，是当时陆地的主宰。但在进入三叠纪，恐龙出现后，它们的数量急剧减少。最后只有一部分小型兽孔类生存下来，并演化成了哺乳类。

中国肯氏兽

生活时期：三叠纪中期（距今约 2.35 亿年前）
栖息地：林地
食物：坚韧的植物和树根
化石发现地：中国

中国肯氏兽四肢短小粗壮，行走起来很迟缓。有一个大大的头部和吻部，上颌骨的突起处有两颗向下生长的长牙，通过上颌骨大口咬下植物的枝叶再吞咽下去。为了把食物消化掉，它的消化系统变得十分庞大，这就导致了它的身体看起来有些臃肿。

早期哺乳类

早期哺乳类由兽孔类演化而来。它们的外形比兽孔类要娇小许多，看上去和大老鼠差不多。它们是温血动物，自身体温一直很稳定，不会随着外界温度发生变化。

中国锥齿兽

生活时期：三叠纪晚期（距今约 2 亿年前）
栖息地：林地
食性：杂食
化石发现地：中国

在中国发现的锥齿兽，是目前已知最早的哺乳类之一。它的名字来源于自己锥子形状的牙齿。中国锥齿兽虽然属于早期哺乳类，但却和爬行类一样，一生都在换牙。锥齿兽的体形和松鼠差不多，吻部又细又窄，颌关节强壮有力，咬合力很强，能够很轻易地把大型昆虫的甲壳咬碎。

家族档案

主要特征

🐾 全身被毛皮或毛发覆盖；
🐾 大部分一生只换一次牙；
🐾 有三种不同类型的牙齿；
🐾 雌性有产生乳汁的腺体。

生活简介

早期哺乳类出现在三叠纪晚期，这个时候的它们跟其他动物比起来太过弱小，很容易受到伤害。为了避免危险，它们经常昼伏夜出，在黑夜中追捕昆虫、蠕虫以及其他小型动物。

早期哺乳类的皮毛有什么用？

早期哺乳类身体表面那层毛茸茸的皮毛，可以让它们保持自身体温不变。夜晚，冷血爬行类休息的时候，哺乳动物可以出来活动。

爬行动物的时代

恐龙

如果谈论起史前动物，就不得不提恐龙。这种大约出现在 2.25 亿年前，灭绝于 6600 万年前的动物，在长达 1.6 亿年的时间里，一直稳居"动物至尊"的宝座，地位未曾被撼动过。那么，什么是恐龙？它们为何会成为史前生命历史中的霸主呢？

化石的启发

地球生命演化过程的秘密，一直被珍藏在化石中。从恐龙化石被发现的那天开始，这种巨大的生物就激发起了人们强烈的好奇心。正是透过这一块又一块珍贵的化石，我们才破解了史前世界的很多谜题，走进了丰富多彩的恐龙世界。所以，目前有关于恐龙的知识，均来自于人们对恐龙化石的研究。

食道

气管

肺

心脏

肝脏

"恐龙"的由来

恐龙生存于中生代，是由最初的爬行动物初龙类进化而来的，但是它们身上却有爬行动物所不具备的特征。在恐龙化石被发现之初，人们从未见过如此"怪异"的化石，所以它一直被认为是一种大型蜥蜴，因而被取名 dinosaur（恐怖的蜥蜴）。在我国 dinosaur 通常被翻译成"恐龙"。

除了一对眼孔，恐龙的头骨后面还有两对孔。目前这种头骨结构只在恐龙及鳄鱼、翼龙、鸟类中有发现。

皮肤上附着鳞甲，卵生，这点符合爬行类家族的特征。

恐龙可以直立行走，这也是它们能获得统治地位的重要原因之一。

与众不同

恐龙的骨骼坚固又轻便，运动负重不大；尾部肌肉发达，可以在快速运动时保持平衡；最重要的是，它们能以非常优雅的直立姿态行走。光是这几点，就已经让其他动物相形见绌了。所以在捕捉猎物时，恐龙不但能快速奔跑，还能空出前肢及时"下手"。如此庞大的体形，加上超乎寻常的运动、捕食能力，难怪它们会在自然界拥有霸道的"话语权"了。

恐龙的分布

尽管很多史前动物在外表上很像恐龙家族的"兄弟姐妹"，但它们并非真正的恐龙。比如，天空中的翼龙、海洋中的鱼龙等都不是恐龙。它们充其量只能算作"恐龙的亲戚"。

脊柱

小肠
大部分的消化任务都在小肠里完成。

胃
胃是恐龙最大的内脏器官，也是粉碎食物的主要器官。

肾脏

肌肉

大肠
大肠中可能有以植物为食物的细菌，它们有助于分解食物。

泄殖腔
泄殖腔是爬行动物身上的出口，未被消化吸收的废物由此排出。

爬行动物的时代

Part 6

121

恐龙的进化

在漫长的中生代历史中，恐龙一直扮演着重要的角色。它们主宰着陆地，并在三叠纪、侏罗纪以及白垩纪的各个时期里不断发展，进化出了大大小小、形态各异的成员。

谁是恐龙的祖先？

体形庞大的恐龙究竟是如何起源的呢？它们的祖先又是谁？科学家们在三叠纪早期的岩层中找到了答案。人们发现了一种兔鳄化石，它的身上就有早期恐龙的影子。兔鳄是一种小型初龙，它前肢短，后肢长，尾巴翘起。经过长时间的进化，这种动物身体的重心支点逐渐转移到了臀部，后肢开始直立起来。而早期的始盗龙就是如此。所以，科学家们推断，兔鳄可能就是恐龙的祖先。

霸权之争

恐龙虽然在体形和运动能力上占有优势，但是这群在三叠纪晚期才出现的动物，一开始却备受欺凌。当时，其他爬行动物比较强盛，它们为了争夺统治权经常互相争斗、大打出手。处于劣势地位的恐龙只能忍气吞声，在夹缝中求生存。

- 兽脚类
- 蜥脚类
- 鸟臀类
- 初龙纲

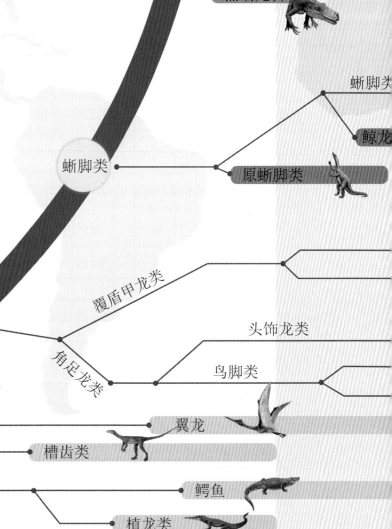

兽脚类

黑瑞龙科

蜥脚类

鲸龙

原蜥脚类

覆盾甲龙类

头饰龙类

鸟脚类

鸟臀类

角足龙类

恐龙

初龙纲

翼龙

槽齿类

鳄鱼

植龙类

二叠纪 2.99亿～2.51亿年前　　三叠纪 2.51亿～2亿年前　　侏罗

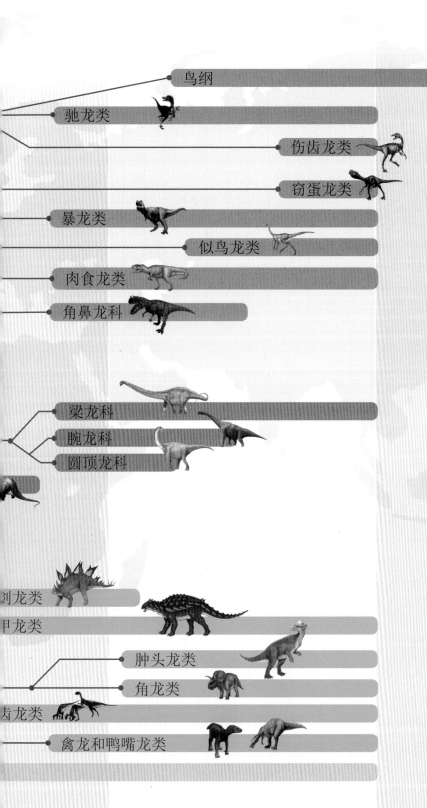

鸟纲

驰龙类

伤齿龙类

窃蛋龙类

暴龙类

似鸟龙类

肉食龙类

角鼻龙科

梁龙科

腕龙科

圆顶龙科

剑龙类

甲龙类

肿头龙类

角龙类

齿龙类

禽龙和鸭嘴龙类

占据统治舞台

三叠纪晚期，生物界出现了一次大灭绝事件。在这场浩劫中，很多动植物消亡了，但恐龙却幸运地活了下来。其他动物的消亡给了恐龙喘息之机。到侏罗纪时期，空前繁荣的恐龙家族一举击败其他动物，建立了霸权、统治地位。

恐龙的黄金时代

建立统治地位以后，恐龙家族迅速发展、扩张。虽然在这个过程中灾难连连，考验不断，一些恐龙甚至绝迹了，但这个家族依然是当时动物界的主宰。进入白垩纪以后，恐龙迎来了"黄金时代"，很多新种类的恐龙出现，如鸭嘴龙科、泰坦龙科以及暴龙科等。没有外来敌手虎视眈眈，恐龙中的两大群体——肉食性恐龙和植食性恐龙开始充满硝烟的激烈内斗。

恐龙的种类

恐龙在地球上生存的时间长达1.6亿年，要远比人类长得多。在这漫长的时间里，它们繁衍生息，开枝散叶，几乎在世界各地都留下了自己存在的痕迹。可是恐龙这么多，我们该怎么区分它们呢？

蜥臀目与鸟臀目

科学家们根据恐龙"腰带"的不同，把它们分为蜥臀目与鸟臀目两大分支。

蜥臀目是恐龙的一大分支，它臀部底端的两块骨头分别指向相反的方向，这种骨盆结构和蜥蜴相似，比较接近早期恐龙，梁龙、腕龙都是如此。

蜥臀目有像蜥蜴一样的臀部

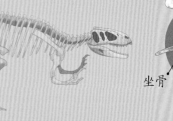

肠骨

耻骨

坐骨

鸟臀目有着和鸟类近似的骨盆结构，腰带底部的两块骨头连在一起。它们都是植食性恐龙，性格温和，经常成为肉食性恐龙的猎物。

鸟臀目有像鸟类一样的臀部

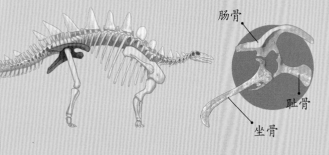

肠骨

耻骨

坐骨

腰带是什么？

这里的"腰带"并不是我们用来系裤子的腰带，而是指恐龙腰臀部的骨骼，解剖学把那里称作腰带，又叫"骨盆"。恐龙两大分支——鸟臀目与蜥臀目就是靠腰带结构不同来区分的。

恐龙家族

蜥臀目和鸟臀目是恐龙的两大类，向下还可以细分如下。

蜥脚类：它们都是植食性恐龙，体形又高又大，是当时陆地上最重，也是最长的动物。为了满足身体的消耗，它们需要不停进食，补充能量。

兽脚类：这个分支里成员的体形有大有小，小的像一只鸡，大的比大象还要大上许多。但不管体形大小，它们都是凶残的肉食性恐龙。

鸟脚类：这种恐龙同样只吃植物，但它们不仅可以用后肢站立行走，还能用空出来的前肢抓取食物。

Part 6

爬行动物的时代

甲龙类：它们基本都是一些四足行走的植食性恐龙，身体表面覆盖着一层厚厚的骨质甲胄，防御力很强。

剑龙类：这个分支里的恐龙基本也是植食性恐龙，脑袋小，脖子短，体形大，脊背上长了两排尖锐的骨板，用四肢走路。

角龙类：它们也是植食性恐龙的成员，头上长了一些形态各异的角，外表很像犀牛，用四肢行走。值得一提的是，它们的脾气很暴躁，具有很强的攻击性。

肿头龙类：这类恐龙的外表有些奇怪，头骨非常厚，就像戴着一顶"头盔"一样。科学家推测，它们头部的冲击力应该很强。

恐龙的声音

自然界中的很多动物有自己的"语言"。动物可以通过肢体动作、表情，甚至声音等语言形式，与同伴联系和交流，向敌人发出警告。那么，神秘的恐龙是怎样发声的呢？所有的恐龙都会发声吗？古生物学家对此进行了科学推测。

发声

古生物学家认为，恐龙应该是一种能发声的动物。但是，这仅仅是一种推测，并没有充足的证据。不过，古生物学家在恐龙的颅骨化石中发现了能容纳空气的空间和气管，所以，恐龙会发声是有科学依据的。

鸭嘴龙

鸭嘴龙的头上长着一个棘突状饰物，内部有鼻管连接着鼻子和肺。这种类似西洋乐器的构造，也许能帮助它们发声。

副栉龙

副栉龙的肉冠上有一个类似小号的鼻管。它只要鼓起两颊，用力把气流从鼻腔里吹出来，就能发出声音来。而且，副栉龙还能通过控制鼻孔上的"阀门"来调节声音大小。

声音的作用

就像人说话一样，发声对恐龙来说十分重要。进食时，它们可以通过呼叫声与同伴交流；敌人来犯时，它们可以发出警报声，及时提醒大家逃走；繁殖季节，雄性恐龙还可以通过声音吸引异性的注意力。

恐龙中的"哑巴"

古生物学家研究认为，大个子的蜥脚类恐龙没有声带，顶多能发出一种"嘶嘶"声，可能是一群"哑巴"恐龙。

恐龙的食物

恐龙家族中既有"素食者"，又有"肉食者"。但不管植食性恐龙，还是肉食性恐龙，它们都具有相同类型的牙齿（个别恐龙无齿），称为同型齿。同型齿有撕咬的功能，没有咀嚼的功能，所以恐龙进食时不能对食物进行咀嚼，只能囫囵吞下。

植食性恐龙的牙齿大多数呈钉子状，一生都可以不断地更换。图为板龙、梁龙、异齿龙、剑龙的牙齿对比图。

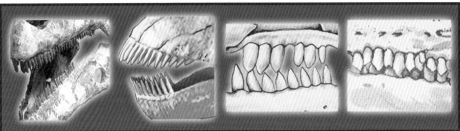

板龙　　　梁龙　　　异齿龙　　　剑龙

蜥脚类恐龙的牙齿通常长在颌骨的前部，只能咬下食物，无法咀嚼。

鸟脚类恐龙嘴巴呈喙状。它们会用嘴巴咬下食物，送到口腔后部，再用那里的特殊"牙齿"磨碎。

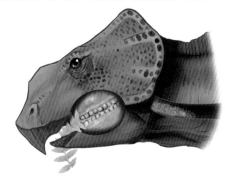

和平相处

植食性恐龙的数量虽然比较多，但是它们之间很少为争夺食物发生矛盾，大打出手。这是因为不同植食性恐龙有各自喜欢的美味，会到不同地方进食植物。

Part 6

爬行动物的时代

肉食性恐龙

与植食性恐龙不同，肉食性恐龙想要吃到美味的食物就没有那么容易了。它们除了要在寻找食物时花费很多精力外，还要想方设法运用各种战术将猎物变成口中餐。不过，通常肉食性恐龙在一次饱餐后可以几天不吃东西。

消化工具——胃石

没有可以咀嚼的牙齿，吃进嘴里的东西难道只能靠胃来消化吗？其实，恐龙还有消化"帮手"，它就是随处可见的小石子。植食性恐龙的体形高大，为了补充更多能量，它们每天必须吃下大量的树枝、树叶以及其他植物。这么多东西堆积在胃里，如果不及时消化，肯定非常难受。此时，恐龙会吃下小石子，让这些"天然滚球"来磨碎那些难以消化的食物。

古生物学家在挖掘植食性恐龙化石时，就经常能在化石的胃部或埋藏化石的岩层中发现光滑的小石子。

恐龙的求偶与繁殖

神秘的恐龙是怎样向"爱人"表达爱意的呢？它们又是怎样繁殖与抚育后代的？古生物学家通过恐龙的化石以及骨骼形态对此进行了推测，从而向我们展示了一个更加奇妙有趣的恐龙世界。

多样的求偶方式

自然界中的许多动物是求爱专家。每当繁殖季节来临，它们就会巧用各种方法，以吸引异性的注意。

以貌吸引

副栉龙的头顶长着非常漂亮的冠饰。起初，人们以为冠饰是调节体温或增加嗅觉灵敏度的"工具"。后来，古生物学家认为，独特的冠饰有可能是副栉龙吸引异性的"发声器"或恐吓对手的"武器"。

似鸟龙会在繁殖期长出新的羽毛，把自己打扮得更加"潇洒帅气"，吸引配偶前来。

最实际的礼物

相比副栉龙和似鸟龙的浪漫，霸王龙似乎要实际得多。雄霸王龙一般会亲自抓一只三角龙送到雌霸王龙的面前，以展示自己的诚心和爱意。倘若雌霸王龙看到这份礼物表现得很开心，那就说明它接受了雄霸王龙的求爱，准备与对方"喜结连理"。

筑巢产蛋

　　雌雄恐龙交配成功以后，这对"新婚夫妇"就会变得忙碌起来。它们开始四处寻找适合产卵的地方。地点选定以后，恐龙会用口鼻和脚在地上挖一个大坑。为了确保安全，它们还会在坑周用土垒上一圈"围墙"，以防雨水流入。一切准备工作做好以后，雌性恐龙才会放心产蛋。

孵化

　　有些恐龙会利用自然光热来孵化后代，有的会利用植物腐烂时所散发的热量让孩子们破壳而出，有的会把恐龙蛋埋进土里，还有的恐龙会像鸡妈妈孵小鸡那样卧在蛋上。在等待孩子们出生的过程中，恐龙妈妈必须打起精神，时刻警惕，防止杂食性恐龙前来偷蛋。

破壳而出

　　恐龙没有小鸡那样尖尖的嘴巴，怎么才能顶破硬硬的蛋壳见到爸爸妈妈呢？刚出生的小恐龙鼻子上有一个小角，这就是顶壳利器。不过，它们从壳里钻出来几天后，这个小角就会自动脱落。

抚育

　　某些种类的小恐龙出生后，需要雌性恐龙喂食、保护，悉心照料。这些小家伙直到可以独立生活后，才会离开妈妈。还有些小恐龙从出生开始就必须独立生活，自己照顾自己。

　　并不是所有的恐龙妈妈都是尽职尽责的好妈妈。有的恐龙妈妈既不会筑巢，也不会照顾小恐龙，甚至还会一边走路一边生下恐龙蛋，圆顶龙就是如此。

恐龙的群居生活

群居生活可以增强动物对环境的适应能力，还可以帮助它们抵御敌害。那么，在几亿年前，恐龙是否也过群居生活呢？科学家们通过研究恐龙的骨骼和足迹化石向人们证实：大部分植食性恐龙有群居的习性。

"团队"生活

一些植食性恐龙过着有组织的群体生活，比如鸭嘴龙、三角龙等。它们在觅食或迁徙时，内部就有能带领"团队"活动的首领。而且，在这个"团队"中，处于弱势地位的小恐龙通常会受到长辈们的保护。

防御圈

三角龙在遇到攻击时，会将年老和幼小的三角龙围在中间，形成一个圆形的防御圈。敌人看到一排排由锋利的角组成的"防御墙"，只好无可奈何地离开。

恐龙中的"独行侠"

一些肉食性恐龙足够强壮，凶猛暴戾，能凭借自己的力量捕食，甚至是称王称霸，所以它们通常喜欢独来独往。不过，这些恐龙偶尔会以家庭为单位进行活动。霸王龙、永川龙等凶恶的大家伙就是如此。

迁徙

迁徙是动物在周围生活环境发生改变或为满足生殖发育的需要而转移栖息地的习性。要知道，恐龙生活的时期自然灾害频发，所以科学家们推测，它们同样会像现在的角马大军一样，进行或长或短的迁徙。事实上，科学家们已经从陆续发现的恐龙化石中得到了他们想要的答案。

迁徙证据

1945 年，古生物学家在加拿大艾伯塔省南部发现了一块粗鼻龙化石。41 年后，第二块粗鼻龙化石在距第一块化石发现地以北约720 千米的地方被找到。1987 年，人们又在更靠北的北极圈内发现了粗鼻龙头骨化石的踪迹。要知道，两个相距很远的地方同时演化出相同的恐龙几乎是不可能的。所以，古生物学家认为粗鼻龙有迁徙的习性。

保护后代

有关研究表明，为了寻找新的食物填饱肚子，长颈恐龙就会"举家出游"，从一个地方迁徙到另一个地方。行进的途中，"长辈们"通常让小长颈恐龙走在中间，以防敌人突然袭击。

腔骨龙科

腔骨龙科主要生存于三叠纪晚期到侏罗纪早期，是最早的兽脚类恐龙之一。腔骨龙科成员分布广泛，几乎遍布每个大陆，成员包括腔骨龙、理理恩龙等。

家族档案

主要特征

🐾 骨头中空并且骨架纤细；

🐾 肉食性；

🐾 奔跑速度快。

生活简介

腔骨龙科的恐龙体形修长，不仅是最早的兽脚类恐龙之一，也是一群像鸟儿一样机敏的肉食性恐龙。

腔骨龙

生活时期：三叠纪晚期（距今约2.15亿年前）

栖息地：沙漠平原

食性：肉食

化石发现地：中国、北美洲、非洲南部

腔骨龙的名字来源于它中空的骨骼和轻盈的骨架，它的身体足有一辆小汽车那么长，可体重却只有一个几岁大的小孩子那么重。腔骨龙体形修长，吻部比较尖，牙齿是典型的肉食性恐龙模样；尖锐如剑并向内部弯曲，周边有着细微的锯齿边缘，可以帮它更好地猎杀、撕咬猎物。

自相残杀

科学家在腔骨龙化石的胃部找到了许多细小的骨骼化石。经过研究，化石里面除了一些爬行动物外，还有幼年腔骨龙的骨骼。这成为了腔骨龙同类相残的证据。

登上太空的腔骨龙化石

1998年，一件腔骨龙头骨化石被美国"奋进"号航天飞机带上了太空。至此，腔骨龙成为继慈母龙之后第二种登上太空的恐龙。

理理恩龙

生活时期: 三叠纪晚期(距今 2.15 亿～2 亿年前)
栖息地: 森林、水岸边
食性: 肉食
化石发现地: 德国、法国

理理恩龙有长长的脖子和尾巴,前肢却非常短。特别是它们头上还有两片薄薄的脊冠。它是一种凶残的恐龙,以小型恐龙为食,捕猎方式和现代许多动物相似。它通常选择在水岸边埋伏好,等待猎物在喝水时放松警惕,就猛地跳出来袭击对方,一举抓获猎物。

并合踝龙

生活时期: 三叠纪晚期(距今约 2.2 亿年前)
栖息地: 平原
食性: 肉食
化石发现地: 津巴布韦、北美洲、南美洲

并合踝龙的外表和腔骨龙非常像,但它的脚踝骨是连接在一起的。并合踝龙的身体修长健壮,后肢发达,一看就知道善于奔跑;锋利的尖爪和锯齿般的细牙,让它看起来格外恐怖;它绝对不会放弃任何能够到手的美味,哪怕是同类的幼崽。不管哪种生物见到并合踝龙,都会在第一时间退避。

并合踝龙是不是群体狩猎?

科学家在非洲津巴布韦的三叠纪地层中,发现了几十具并合踝龙的化石,于是他们猜测并合踝龙是群体狩猎的,靠数量优势来制服大型猎物。但至今并没有另外的证据来证明科学家们的猜想。

爬行动物的时代

艾雷拉龙科

艾雷拉龙科主要生存在距今约2.3亿年前的三叠纪中期至晚期，是最早期的恐龙。但由于年代久远、化石证据不足等原因，艾雷拉龙科的分类至今也并不完善，甚至连它们在恐龙进化史中的位置也不确定。

家族档案

主要特征

🐾 能够两足行走；

🐾 多为中小型恐龙；

🐾 肉食性；

🐾 奔跑速度快。

生活简介

艾雷拉龙科最显著的特征就是身体轻巧，后肢比前肢长，前肢可以抓握猎物。

听觉敏锐

科学家在艾雷拉龙的头骨化石中发现了保存完好的听小骨，这意味着艾雷拉龙很可能具有敏锐的听觉，这对它捕食猎物有很大帮助。

艾雷拉龙

生活时期：三叠纪中期（距今约2.3亿年前）
栖息地：林地
食性：肉食
化石发现地：巴西、阿根廷、北美洲

1988年，科学家在阿根廷发现了第一件几乎完整的艾雷拉龙头骨化石。之后人们相继在各地发现了它的化石，并逐渐还原了它的形象。艾雷拉龙有着锐利的牙齿以及强大的咬合力，可以毫不费力地从猎物身上咬住并撕下大的肉块。它的骨骼细而轻巧，后肢强壮有力，这让它成为了敏捷的猎手。

始盗龙

生活时期：三叠纪中期（距今2.3亿~2.25亿年前）
栖息地：河谷
食性：杂食
化石发现地：阿根廷

始盗龙是最早的恐龙之一，也是一种凶猛的掠食者。从它的化石可以看出，始盗龙的体形不大，跟一只狗差不多。它的前肢短小，两只手都有五指，其中最长的3根长有爪子，后肢粗壮结实。始盗龙可以靠后肢站立、奔跑，并用爪子和牙齿杀死猎物。

板龙科

板龙科的成员主要生活在三叠纪时期，它们有长长的脖颈和尾巴，前肢短小，后肢粗壮。科学家推测它们是介于用四足和两足行走的植食性恐龙。

板龙

生活时期：三叠纪晚期（距今2.2亿～2.1亿年前）
栖息地：平原
食性：植食
化石发现地：德国、瑞士、挪威、格陵兰岛

板龙是板龙科最大的成员，身长可达8米。当它用后肢站立直起身子时，高度将近4米。板龙有一颗小脑袋，颌部构造就像一把剪刀，锐利的牙齿则像锋利的刀刃，可以轻松地将坚韧的茎叶咬断。科学家认为板龙平时可能是用四肢爬行来寻找食物的，但当有需要时，它会用后肢站立，伸长脖子，去吃高处的树叶。

家族档案

主要特征

🐾 小脑袋；

🐾 后肢比前肢长；

🐾 颈部可以弯曲活动。

生活简介

板龙科曾经广泛分布在今天欧洲的平原上，它们是植食性恐龙，主要进食地面上的植物以及树上的叶子。

鼠龙化石

鼠龙

生活时期：三叠纪晚期（距今2.15亿～2.03亿年前）
栖息地：林地
食性：植食
化石发现地：阿根廷

1979年，考古学家在阿根廷发现了五六具鼠龙的化石，其中最小的一具，算上尾巴，体长也只有20厘米，一双手就能捧得起来，看上去就像一只稍大点的老鼠，鼠龙的名字就是这么得来的。这具化石是迄今为止人们发现的最小的一具恐龙化石。

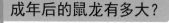

成年后的鼠龙有多大？

古生物学家研究了鼠龙幼崽的化石后，推测它们成年后的体长可能达到2～3米，是刚出生时的几十倍。

Part 7
恐龙称霸世界

侏罗纪的生命传记

　　侏罗纪是中生代的第二个地质年代，从距今约 2 亿年前开始，延续了 5000 多万年，在 1.45 亿年前结束。侏罗纪是生机勃勃的时代。在这个时期，裸子植物发展到鼎盛，爬行动物占据优势，尤其是恐龙发展迅速，很快成为陆地上的霸主，因此侏罗纪也是恐龙发展的鼎盛时期。

破灭后的新生

　　在三叠纪末期，爆发了一场物种大灭绝。恐怖的浩劫改变了远古地球的面貌，也灭绝了大量生物。当灾难结束后，地球一片死寂，各种动植物非常稀少。但在这看似死气沉沉的环境下，却孕育着新的生机。

沙漠变绿洲

　　侏罗纪时期，地球大部分地区的自然气候都保持着温暖而湿润的状态。在原本干旱的地区，如沙漠等地，开始生长出茂盛的植被。从目前发现的化石来看，那些植物大多是巨大的针叶树和苏铁等。

焕发生机

经过一段长久的沉寂后，地球在侏罗纪中、晚期迸发了蓬勃的生机，无数生命活跃在陆地、天空以及海洋中。哺乳动物在此时开始发展，天空中飞翔着昆虫和一些长尾巴、短脖子的翼龙，而海洋里基本是鱼龙类和蛇颈龙类的天下。

恐龙大发展

三叠纪末期的灾难让大多数动植物灭绝了，但恐龙却幸存了下来。整个侏罗纪时代，恐龙的种类和数量都空前地增长。像身材庞大的腕龙、后背上长有尖锐骨板的剑龙以及生性喜欢吃肉的异特龙等，都先后出现在这个时代。

棘皮类

　　侏罗纪的棘皮动物和三叠纪相比，并没有多少改变。棘皮动物的化石告诉我们，它们的外形从史前开始，就没有太大变化。

家族档案

主要特征

🐾 骨骼发达，没有头，没有大脑；

🐾 表皮上长有不同的棘刺；

🐾 大多生活在海底，移动缓慢。

生活简介

　　这个时期，棘皮动物的生活方式没有什么改变。它们依旧靠捕食其他小型水生动物生存，仍然分布广泛，浅海沿岸、深海等，都能看到它们的身影。

五角海星

生活时期： 三叠纪晚期至侏罗纪早期（距今约 2.03 亿年前）

栖息地： 沙床

食物： 小型水生动物

化石发现地： 欧洲

　　从外形上看，五角海星已经和现代海星十分接近了。它的嘴巴长在腹部，拥有 5 条腕足，上面有两排管状的腿。但和现代海星不一样的是，五角海星的腿并没有吸附作用，不能当吸盘使用。

五角海百合

生活时期： 三叠纪晚期至侏罗纪（距今 2.08 亿～1.35 亿年前）

栖息地： 远离陆地的海域

食物： 浮游生物

化石发现地： 欧洲

　　五角海百合是史前海百合的一种，和恐龙生活在同一时代。从化石来看，五角海百合长着密密麻麻的触手。可以想象它们活着的时候，在海中挥舞着触手，看上去更像一株美丽的植物，而不是动物。

恐龙称霸世界

古蓟子

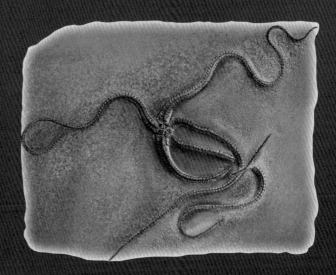

生活时期：侏罗纪早期（距今约 2 亿年前）
栖息地：海底
食物：动植物尸体
化石发现地：欧洲

乍一眼看古蓟子，还以为它是像蛇一样的动物，但仔细观察就会发现，在那些舞动的触手中央，是一个小小的、呈盘状的身体，在它的周围长着五条细长的腕足，古蓟子平时就靠它们在海底蜿蜒爬行。

盾角海胆

生活时期：侏罗纪中、晚期（距今 1.76 亿～1.35 亿年前）
栖息地：海底，穴居
食物：藻类、蠕虫等
化石发现地：欧洲、非洲

盾角海胆看上去就像一面盾牌，它有着和现代海胆一样的圆形硬壳。仔细观察化石可以发现，盾角海胆分为五瓣，在外壳上长满刺。与其他海胆又尖又硬的刺相比，盾角海胆的刺要柔软许多。

半球海胆

生活时期：侏罗纪中期至白垩纪晚期（距今 1.76 亿～6600 万年前）
栖息地：岩性海床
食物：藻类和小型水生动物
化石发现地：英国

半球海胆的化石表面长着许多小疙瘩，看上去就好像生病了一样。实际上，这些"小疙瘩"是半球海胆细长尖刺的附着点。古生物学家分析，这些小疙瘩曾经非常灵活且有弹性，能让半球海胆通过活动肌肉的方式来移动长刺。

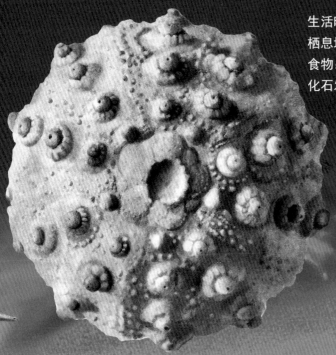

硬骨鱼类

硬骨鱼类是古老的脊椎动物，其年代可以上溯到泥盆纪中期。因为它们的骨骼大多都是硬骨，十分坚硬，所以才被称为硬骨鱼类。硬骨鱼类演化出了很多新的种群，如今地球上90%以上的鱼类都属于硬骨鱼类。

鳞齿鱼

生活时期：侏罗纪至白垩纪（距今1.99亿～7000万年前）

栖息地：湖泊

食物：贝类等

化石发现地：世界各地

根据化石来看，鳞齿鱼的个头可不小，身长能达到1.8米呢！它的牙齿呈钉状，看上去既锋利又坚硬，可以把猎物一下子咬碎，然后吞食掉。

鳞齿鱼的"吸盘嘴"

鳞齿鱼有一个神奇的吸盘嘴，在捕猎的时候，它会撅起嘴，把颌部向外推送，吸食贝类等猎物。等猎物到了近前，鳞齿鱼就会用自己坚硬锋利的牙齿咬碎它们的外壳，吃掉对方。

家族档案

主要特征

🐾 硬骨骨架；

🐾 利用鱼鳔在水中漂浮；

🐾 大多有辐射状鳍。

生活简介

硬骨鱼种类多，数量大，广泛分布于地球的海洋、河流、湖泊各处，是目前水中生活得最成功、繁盛的脊椎动物。

利兹鱼

生活时期：侏罗纪中期（距今1.76亿～1.61亿年前）

栖息地：海洋

食物：浮游生物

化石发现地：欧洲、智利

利兹鱼很可能是有史以来最大的硬骨鱼类，成年的利兹鱼体长可以达到9米，相当于三层楼的高度。但不要以为大个子的利兹鱼是个凶猛的家伙，它可是一位温柔无害的滤食者。利兹鱼在进食的时候，通常都是大口吸入海水，然后再用力喷出来，用鳃过滤下自己的食物。

侏罗纪的鱼龙类比三叠纪有了明显的增多,它们的种类丰富多样,形态各异,每一种鱼龙都有各自的特点。

狭翼鱼龙

生活时期:侏罗纪早、中期

栖息地:浅海

食物:鱼类

化石发现地:英国、法国、德国、阿根廷

狭翼鱼龙是鱼龙的一种,它有着近似海豚的体形,流线型的身体和肌肉发达的鳍让它成为当时海洋中的游泳健将。在捕食的时候,它会像一阵龙卷风一样快速冲入鱼群,趁机捕捉猎物。

大眼鱼龙

生活时期:侏罗纪晚期(距今 1.65 亿～ 1.5 亿年前)

栖息地:海洋

食物:鱼类、贝类和乌贼

化石发现地:北美洲、欧洲、阿根廷

大眼鱼龙,看到这个名字,我们就可以知道,它是"大眼睛的鱼龙"。相对于体形而言,大眼鱼龙的眼睛是所有史前动物中最大的。它在水下的视力非常优秀,靠着一双大眼睛可以在黑暗的深海中捕猎。

家族档案

主要特征

🐾 胎生;

🐾 用肺呼吸空气;

🐾 在水下视力良好;

🐾 有划水和保持平衡的鳍。

生活简介

侏罗纪是鱼龙类鼎盛的时期,它们曾经是海洋的统治者之一。直到白垩纪时,鱼龙类灭绝,它们的地位才被蛇颈龙类取代。

蛇颈龙类

在侏罗纪，恐龙统治着陆地，而海洋则由另外一群爬行动物支配着。它们体形庞大，性格凶暴，位于海洋食物链的顶端，是海洋的主宰者之一。它们就是蛇颈龙类。蛇颈龙类主要有两种类型：一种是长脖子、小脑袋的长颈蛇颈龙；另一种是大脑袋、尖牙利齿的短颈蛇颈龙，也叫上龙类。

家族档案

主要特征

🐾 尖利的牙齿；

🐾 四个巨大的鳍状肢。

生活简介

蛇颈龙类是一种巨大的肉食性爬行类，它们出现在大约 2 亿年前的侏罗纪早期，并很快成为海洋霸主之一，和鱼龙类一起统治大海。6600 万年前的白垩纪末期，它们和恐龙一起消失在地球上。

蛇颈龙

生活时期：侏罗纪早期（距今约 2 亿年前）
栖息地：海洋
食物：鱼类、乌贼等软体动物
化石发现地：德国、不列颠群岛

蛇颈龙修长的颈部和宽阔的身躯，看上去就像一条大蛇穿过了一个乌龟壳。蛇颈龙游泳的时候会像乌龟一样，划动鳍状肢在海中滑行，四只鳍脚就像四支很大的船桨，让身体进退自如，转动灵活。蛇颈龙猎食的时候，会穿梭在鱼群中，左右摆动长脖子，用锥形的牙齿捕获猎物。

菱龙的保护色

古生物学家分析，菱龙很可能与现存的大型海生动物一样，背部皮肤颜色较深，腹部呈白色。这是菱龙的一种保护色，让它无论是从上方还是下方，都不容易被天敌发现。

菱龙

生活时期：侏罗纪早期（距今约 2 亿年前）
栖息地：沿海
食物：乌贼、海洋爬行类
化石发现地：英格兰、德国

菱龙是最早的短颈蛇颈龙之一。它长着满口锥子状的尖牙，让人不寒而栗。菱龙的视觉和嗅觉都很敏锐，每当海水流过嘴巴和鼻孔，它就能感受到猎物的气味。找到猎物后，菱龙会用尖牙袭击对方，然后猛地扭动身体来撕裂猎物。这种捕猎方式跟鳄鱼相同。

滑齿龙

生活时期：侏罗纪中、晚期（距今 1.65 亿 ~ 1.5 亿年前）
栖息地：海洋
食物：大型乌贼、鱼龙类
化石发现地：俄罗斯、法国、德国、不列颠群岛

　　滑齿龙是侏罗纪最强大的肉食性动物之一，号称"终极杀手"。它体长 5 ~ 7 米，重达 1 ~ 1.7 吨。科学家估算过，滑齿龙巨大双颌一张一合之间产生的力量，足以把一辆中型汽车咬得粉碎。在这样一只凶猛怪物面前，同时期的海洋爬行类都要远远躲开。

敏锐的嗅觉

　　古生物学家认为滑齿龙的嗅觉非常发达，它有一种不同寻常的鼻孔构造，能敏锐察觉到水流中猎物的气味。这对滑齿龙在黑暗的深海中捕捉猎物，起到了很大的帮助。

上龙

生活时期：侏罗纪晚期（距今 1.56 亿 ~ 1.47 亿年前）
栖息地：海洋
食物：鱼类、鱿鱼、其他海洋爬行类
化石发现地：英格兰、墨西哥、澳大利亚、接近挪威的北极地区等

　　上龙在被正式命名前，人们把它称为"妖怪"。的确，一般上龙化石的体长大约 10 米，头骨巨大，嘴里还都是锋利的牙齿，对于不了解史前动物的人们来说，真的就犹如妖怪一般。

鳄形类

鳄形类是现代鳄鱼和短吻鳄的祖先，曾经和恐龙、翼龙一样，是占据主导地位的爬行类统治者之一。鳄形类的体形有大有小，它们既能在陆地上生活，也能在海洋里生存，是凶猛的掠食者，经常猎食鱼类或陆生动物。

家族档案

主要特征

🐾 身体修长，皮肤表面覆盖着鳞；

🐾 四肢短小，并且很强壮；

🐾 双颌强有力，牙齿锋利；

🐾 水陆两栖。

生活简介

鳄形类最早出现在距今 2.25 亿年前的三叠纪晚期，整个中生代它们都很兴盛。在白垩纪末期的大灭绝中，大部分鳄形类都消失了，只有少部分成员幸存下来，并发展到现在。

楔形鳄

生活时期：侏罗纪早期（距今约 2 亿年前）
栖息地：陆地
食物：小型陆生动物
化石发现地：南非

楔形鳄是比较原始的鳄形类之一。它的四肢细长，在追捕猎物的时候可以快速奔跑；遇到天敌的时候也能迅速逃离。古生物学家研究了楔形鳄的头骨化石后，发现它有类似鸟类头部的结构，这表明楔形鳄很可能和鸟类之间存在一定关联。

狭蜥鳄

生活时期： 侏罗纪早期至白垩纪早期（距今2亿～1.45亿年前）

栖息地： 河口与沿海水域

食物： 鱼类

化石发现地： 欧洲、非洲

狭蜥鳄大部分时间都生活在水里，可它并不是在水中产卵，而是和海龟一样，来到岸上产卵。狭蜥鳄长长的吻部看起来很单薄，但它闪着寒光的利齿，令人望而生畏。它的全身覆盖着厚厚的盔甲，这是为了保护它不受敌人的伤害。

未演化的四肢

虽然狭蜥鳄为了能在水中生活，演化出了十分适合游泳的修长身体，但是从出土的化石来看，狭蜥鳄的四肢并未演化成鳍状肢。

猎食的狭蜥鳄

狭蜥鳄在猎食的时候和现代鳄鱼一样，都是张开大嘴，猛地咬住岸上的猎物，然后把它拖入水中溺毙，最后吃掉猎物，饱餐一顿。

地龙

生活时期： 侏罗纪中期至白垩纪早期（距今1.65亿～1.4亿年前）

栖息地： 主要为海洋

食物： 鱼类

化石发现地： 欧洲、北美洲、中美洲加勒比地区

地龙的身体呈流线型，皮肤平滑，并没有鳄形类通常具有的厚重"铠甲"，这意味着它没有沉重的负担，在游泳的时候会更加灵活，可以在水中随意摆动身体和尾巴。地龙的嘴巴比大多数鳄形类更长、更窄，里面长满尖牙利齿。

地龙生活在陆地上吗？

一开始，人们发现地龙化石的时候，以为它生活在陆地上，于是就把它称为"陆地上的爬行动物"，即地龙。如今，人们已经了解到，地龙其实大部分时间是生活在水里的。

恐龙称霸世界

Part1

149

恐龙

　　侏罗纪是恐龙发展壮大的时期。比起三叠纪，这个时期的恐龙体形开始增大，出现许多新生物种，这种趋势一直持续到侏罗纪晚期。此时，恐龙已经正式确立了自己陆地霸主的地位。

美颌龙科

　　在人们的印象中，食肉恐龙都是些凶猛的大家伙，但实际上一些美颌龙科的恐龙体形和一只鸡大小差不多。与其他恐龙相比，美颌龙科恐龙身材娇小，行动敏捷，它们以猎食小型动物为生。古生物学家认为美颌龙与鸟类的亲缘关系很近，在它们的身体表面很可能有保持体温的简单绒羽。

家族档案

主要特征

🐾 长长的尾巴；

🐾 体形娇小，骨骼中空，便于奔跑；

🐾 身体表面有绒毛状的羽或鳞状皮肤。

生活简介

　　美颌龙科出现在侏罗纪晚期，是一种小型兽脚类恐龙。它们主要靠捕杀猎物填饱肚子，但是偶尔也会吃一些腐食。

美颌龙

生活时期：侏罗纪晚期（距今约 1.5 亿年前）

栖息地：灌木丛和沼泽

食性：肉食

化石发现地：德国、法国

　　美颌龙的身体和现代的鸡大小差不多，但不要因此小瞧它，它可是典型的肉食性动物，性格很凶悍。美颌龙的化石表明，它是一位迅疾如风的奔跑家。美颌龙的骨骼是中空的，这样有助于减轻体重，让它能更快速地追捕猎物。

侏罗猎龙

生活时期：侏罗纪晚期（距今约 1.61 亿年前）
栖息地：山地
食性：肉食
化石发现地：德国

　　在德国发现的幼体化石显示，侏罗猎龙身材娇小，只有 60 厘米长，身体表面覆盖着鳞甲。人们把它归类于美颌龙科，并认为这类恐龙最终会进化为鸟类。

长长的尾巴

　　美颌龙的个子那么小，长这么长的尾巴有什么用呢？原来美颌龙在追捕猎物的时候跑得很快，长长的尾巴能帮它保持身体平衡，这样美颌龙就不会跌倒了。

爬树高手

　　美颌龙体形娇小，身体轻盈，能很轻松地顺着树干爬到树上追捕猎物。恐怕在恐龙世界中，再也找不到像美颌龙这样厉害的爬树高手了！

异特龙科

异特龙科恐龙是侏罗纪晚期凶残恐怖的猎杀者，是著名的大型肉食性恐龙。异特龙科恐龙主要以捕食植食性恐龙和其他动物为生，在没有猎物的时候，它们也会吃些腐肉来填饱肚子。

家族档案

主要特征

🐾 身材庞大；

🐾 性格凶残，肉食性；

🐾 有些种类头顶具装饰，头骨带有开孔。

生活简介

异特龙科的外表和暴龙有些相像，但生存时代要比暴龙早。异特龙科是凶暴的猎手，它们的牙齿尖锐锋利，前肢粗壮有力，后腿强大健壮，这些都是它们捕猎的利器。

异特龙

生活时期：侏罗纪晚期（距今约 1.5 亿年前）
栖息地：平原
食性：肉食
化石发现地：美国、葡萄牙

异特龙年轻的时候，行动敏捷，来去如风。在追捕猎物时，它会用粗壮的后肢作短距离冲刺，然后一口咬住猎物。不过当异特龙慢慢变老，身体就会变得越来越沉，这时它们不再主动追赶猎物，而是隐藏在树林里伏击对方。

异特龙的牙齿

科学家们分析异特龙的化石，认为它的咬合力可能并不强，无法咬碎骨头。但异特龙的牙齿细密锋利，就像锯条一样，可以刺穿猎物的皮肉，从对方身上咬下一大块鲜肉。这样的做法虽然不会让猎物当场死亡，但猎物最后会因为失血过多而死去。

角鼻龙科

　　从外形上看，角鼻龙科和其他肉食性恐龙并没有太大区别：大头、粗腰、长尾、双脚行走、有锋利尖锐的牙齿。但是在它们的鼻子上方，长着一只骨质的短角，这正是它们名字的由来。

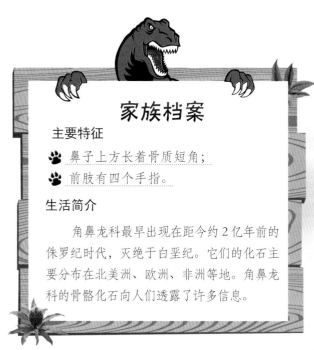

家族档案

主要特征

- 🐾 鼻子上方长着骨质短角；
- 🐾 前肢有四个手指。

生活简介

　　角鼻龙科最早出现在距今约 2 亿年前的侏罗纪时代，灭绝于白垩纪。它们的化石主要分布在北美洲、欧洲、非洲等地。角鼻龙科的骨骼化石向人们透露了许多信息。

角鼻龙

生活时期：侏罗纪晚期（距今约 1.53 亿年前）
栖息地：森林覆盖的平原
食性：肉食
化石发现地：美国

　　角鼻龙的鼻子上方长着一只短角，眼睛前方也有类似角的突起。不仅如此，它们的背部还生长着一串骨质甲片。古生物学家根据化石推断，角鼻龙应该是一种行动快速的掠食者。它的后肢修长结实，长长的尾巴健壮有力，这些结构都有利于角鼻龙快速奔跑。

奇怪的角

　　古生物学家常常猜测角鼻龙鼻子上方的短角有什么用处。有人认为它是用来攻击、恐吓敌人的武器，可是它太短了，一点杀伤力都没有。又有人觉得它是求偶、示爱的工具，但并没有证据来证明这一点。

化石战争

　　"化石战争"又叫骨头大战，是 19 世纪 60 年代两位著名的古脊椎动物学家为竞争谁发现更多的恐龙化石而展开的文攻武斗。在这场"战争"中，许多新恐龙的化石被两人发现、研究。其中最早的角鼻龙化石就是在这期间出土的。

嗜鸟龙科

嗜鸟龙科的拉丁文大意是"偷鸟的贼"。从名字能看出来，嗜鸟龙科指的是一群以偷食鸟类为生的恐龙。但实际上，并没有确凿的证据证明它们真的捕食过鸟类。

家族档案

主要特征

🐾 身体小而轻；

🐾 头骨、颈部、尾巴很长，颈部灵活；

🐾 前后肢发达，趾爪可弯曲、抓握。

生活简介

　　嗜鸟龙科化石最早在北美侏罗纪晚期地层中发现，科学家们推测它们应该是以早期鸟类、小蜥蜴类以及早期哺乳类为食，居住在温暖湿润的森林中。

嗜鸟龙

生活时期：侏罗纪晚期（距今约 1.56 亿年前）

栖息地：森林

食性：肉食

化石发现地：美国怀俄明州

　　到目前为止，人们只发现了一具完整的嗜鸟龙骨骼化石。根据化石分析，嗜鸟龙个子不高，体形小巧，属于小型恐龙的一员。它的前肢灵活发达，前两个趾特别长，第三个趾能像人类拇指那样向内弯曲，可以帮助它轻松抓握住挣扎的猎物。长长的尾巴可以让嗜鸟龙在追捕猎物时保持身体平衡。

捕食的嗜鸟龙

　　嗜鸟龙的视力非常好，能很容易找到藏起来的蜥蜴或者小型哺乳动物。一旦嗜鸟龙抓住猎物，就会用自己锋利的牙齿吃掉它们。

鲸龙科

　　鲸龙科的拉丁文有"鲸鱼蜥蜴"的意思，这是因为一开始人们发现化石的时候，认为它是海洋中的巨大鲸鱼，并没有把它们归类到恐龙里去。直到1869年，鲸龙科才被人们真正了解。

家族档案

主要特征

🐾 四足行走，长颈长尾；

🐾 脊椎骨上有海绵状的空洞；

🐾 头部较小。

生活简介

　　鲸龙科出现在距今约1.7亿年前的侏罗纪中期。它们的体长大约能达到16米，体重约24.8吨，相当于四五头成年大象的重量。其化石主要分布在中国、印度、摩洛哥以及欧洲、南美洲等地。

鲸龙

生活时期：侏罗纪中期（距今约1.7亿年前）

栖息地：平原

食性：植食

化石发现地：英国、摩洛哥

　　鲸龙的体形很大，看起来很笨重。它的脊椎骨几乎是实心的，不能起到减轻骨架重量的作用。鲸龙的牙齿呈勺形，可以轻松扯下植物的叶子。它的颈部很长，但并不灵活，只能在一个不大的弧度内摇摆。所以，鲸龙只可以低头喝水，或是啃食蕨类叶片和小型的多叶树木。

行动缓慢的恐龙

　　鲸龙属于蜥脚类家族，它的脊椎骨是实心的。这让鲸龙原本庞大的身体更加沉重，行动起来十分缓慢。鲸龙也因此被认为是行走最慢的恐龙之一。

腕龙科

　　以植物为食的腕龙科恐龙主要生活在侏罗纪时期。它们的脑袋不大，脖颈很长，身体笨重，靠柱子一般的四肢来支撑身体。由于腕龙科恐龙的身躯太过沉重，因此它们只能用四肢行走。

家族档案

主要特征

🐾 四足行走，前肢长于后肢；

🐾 颈部长而挺立，颈椎骨内部中空；

🐾 牙齿较长，呈勺状，以植物为食。

生活简介

　　腕龙科属于蜥脚类恐龙，它们在地球上生活了很久，从侏罗纪开始，直到白垩纪晚期才灭绝。腕龙科恐龙分布很广泛，欧洲、非洲、北美洲等地都有它们的化石出土。

腕龙

生活时期：侏罗纪晚期（距今约 1.5 亿年前）

栖息地：平原

食性：植食

化石发现地：美国

　　腕龙的头部较小，脖子很长，身躯高大雄伟，四肢粗壮有力，身后长着一根相对短粗的尾巴。它是陆地上最大的动物之一，人们计算过，一只成年的腕龙，从头到尾大约有 23 米长，体重达到 30～50 吨！

腕龙进食

腕龙进食的时候像长颈鹿一样，抬起长长的脖子，用自己那勺状的牙齿去吃树木高处的鲜嫩枝叶。它的食量非常大，每天大约能吃掉 1.5 吨的食物，相当于大象饭量的 10 倍！

多颗心脏

腕龙的脖子很长，抬起脑袋时高度太高，这就导致血液想要正常输送到它的头部，就必须有一颗巨大、强健的心脏。一些科学家推测，腕龙可能有好几颗心脏，因为只有这样才能把血液输送到它的全身各处。不过，这样的推测很难得到证实。

独自生活的幼崽

腕龙在生产后代的时候，从来不做窝，而是一边走一边产蛋，产下的蛋经常形成一条长线。它们从来不会照顾这些恐龙蛋，因此小腕龙出生后，只能独自生活，依靠自己的力量成长。

梁龙科

梁龙科恐龙都有一条长长的脖子，而它们的尾巴大多比颈部还要长，就像一根细长的鞭子。梁龙科恐龙的后肢比前肢长，可以靠尾巴的支撑把身体竖立起来。

梁龙

生活时期：侏罗纪晚期（距今约 1.5 亿年前）
栖息地：平原
食性：植食
化石发现地：美国

梁龙是迄今为止人类发现的最长的恐龙之一。梁龙脖子的长度大约是长颈鹿的 3 倍，而它尾巴的长度更是惊人，几乎和身体的其他部分总和一样长。梁龙的身体看起来很庞大，也很强壮，可它们实际的体重却相对较轻。这是因为梁龙的骨头是中空的。

家族档案

主要特征

🐾 能自由弯曲活动的长脖子；

🐾 细长的尾巴；

🐾 与庞大身体不成比例的小脑袋。

生活简介

梁龙科恐龙最早出现在距今约 1.7 亿年前的侏罗纪中期，它们的外形非常好辨认，巨大的身体，长脖子、长尾巴以及粗壮的四肢。随着白垩纪的到来，部分植物的进化与消失让梁龙科恐龙无法生存，它们成为恐龙家族中较早灭绝的成员。

梁龙的武器

梁龙的尾巴又细又长，就好像一根鞭子。实际上，它们的尾巴就是保护自己的有力武器。如果遇到危险，梁龙就会甩动尾巴，狠狠抽击敌人，把它们打跑。

地震龙

生活时期：侏罗纪晚期（距今 1.55 亿年前）
栖息地：开阔的林地
食性：植食
化石发现地：美国新墨西哥州

地震龙的名字非常形象。从化石来看，地震龙四肢短粗，体形庞大，似乎跺跺脚就能让地面震动。地震龙的脖子很长，或许不能抬得很高，这意味着它只能吃到低处的叶子。它的尾巴又细又长，结实有力，是抵御敌人最好的武器。

传递信息的脚步

梁龙经常成群结队地觅食。当一只梁龙发现了鲜嫩茂盛的植物，它会召唤同伴一起来吃。可梁龙不会发声，那它怎么才能把消息告诉同伴呢？原来，梁龙是用"脚步"传达消息的。就算无法看到对方，但只要跺跺脚，把沉重的脚步声通过地面传开，其他梁龙就会感到震动，然后顺利找到同伴。

剑龙科

在侏罗纪的森林里，到处都可以看到一种恐龙。它们身躯庞大，用四肢行走，后背上长着两排骨板，肩膀和尾巴上都长有尖棘。它们就是剑龙科恐龙。

家族档案

主要特征

🐾 四肢行走；

🐾 头部扁长；

🐾 嘴前端呈喙状；

🐾 颈部、背部和尾巴长有尖棘或骨板。

生活简介

剑龙科生活在距今 1.76 亿年前的侏罗纪中期。它们脊背上的巨大骨板，至今无法确认用途，科学家猜测这可能是用来求偶或者调节体温的工具。

剑龙

生活时期： 侏罗纪晚期（距今约 1.5 亿年前）

栖息地： 森林

食性： 植食

化石发现地： 美国、葡萄牙

剑龙是一种巨大的植食性恐龙。它们的头很小，大脑只有一个核桃般大小，因此，科学家们认为剑龙是一种很笨的恐龙。剑龙脊背上两排巨大的菱形骨板，虽然看起来狰狞恐怖，但它们并不能当成武器使用。

华阳龙

生活时期： 侏罗纪中期（距今约 1.65 亿年前）

栖息地： 河谷

食物： 植物，如蕨类植物、叶子和苏铁类果实

化石发现地： 中国

华阳龙出土于中国四川，是早期剑龙类之一。和后来的剑龙类相比，华阳龙的嘴部前端要更短更宽，上颌前端还长有牙齿。更有意思的是，华阳龙四肢的长短几乎一样，而其他剑龙类则是后肢长、前肢短。华阳龙是群居生活的动物，一般 3～5 只组成一群，由强壮的雄性担任首领，以此对付那些凶恶的肉食性恐龙。

沱江龙

生活时期：侏罗纪晚期（距今约 1.6 亿年前）
栖息地：森林
食性：植食
化石发现地：中国

　　沱江龙生活在中国四川盆地，是剑龙的亲戚。它的脖子、脊背到臀部，长有十几对三角形的骨板，看起来比剑龙的还要尖利。在沱江龙的尾巴末端，长着可怕的尾刺，每当遭受袭击或者与同类打斗时，它都会猛地一扫尾巴，用尾刺甩击对方。

肯特龙

生活时期：侏罗纪晚期（距今约 1.56 亿年前）
栖息地：森林
食性：植食
化石发现地：坦桑尼亚

　　在肯特龙的颈部到背部，长有狰狞的骨板。除了这些骨板，肯特龙的肩膀上长还着一对肩棘，尾巴上有一些尖刺。这些能阻止掠食者攻击侧面和背后，是帮助肯特龙防御、打败肉食性恐龙的有力武器。

肯特龙有两个大脑吗？

　　和巨大身躯不对应的是，肯特龙的脑容量大约只有一个核桃大小。这么可怜的脑容量是如何指挥身体运动的呢？一些科学家认为，在肯特龙的臀部还有一个"第二大脑"，指挥后半身的行动。另外一些科学家则觉得，所谓"第二大脑"可能只是一种储存能量的器官，并非真正的大脑。

温暖的日光浴

　　沱江龙背部的骨板除了吓唬敌人之外，还有和太阳能板一样的作用，那就是从阳光中吸收热量。所以，在寒冷的天气里，沱江龙经常会站在阳光底下，利用骨板吸收热量，然后通过血液循环把热量传遍全身，这样它们就会觉得身子暖乎乎的，非常舒服。

长羽毛恐龙

对于大部分古生物学家来说，长羽毛恐龙是恐龙和早期鸟类之间的过渡类型。它们的外表有些像鸟类，但是还保留有许多恐龙的特征。

始祖鸟

生活时期：侏罗纪晚期（距今约 1.5 亿年前）
栖息地：森林、湖泊
食物：肉类，如昆虫，也可能吃爬行动物
化石发现地：德国

从德国出土的珍贵化石来看，始祖鸟和现代的鸽子差不多大。它脑袋小、眼睛大、牙齿尖利，尾巴和翅膀上长满羽毛。始祖鸟的前肢上长有爪子，应该是抓取东西用的。它有一根长长的尾椎骨，上面曾经长满漂亮的羽毛。古生物学家根据化石分析，认为始祖鸟有可能是靠滑翔来飞行的。

地面上的生活

始祖鸟的身体结构不适合飞行，只能在低空滑翔。而且它们的爪子虽然有力，却无法抓握树枝，不能待在树上，所以它们生活在地面。

家族档案

主要特征

- 身体长有羽毛；
- 一部分嘴里长有利齿；
- 有明显的恐龙的特征。

生活简介

从发现的化石来看，长羽毛恐龙主要出现在侏罗纪晚期。长久以来，人们一直对这些化石的分类模糊不清，直到后来才确认它们恐龙的身份。

生活在恐龙阴影下的哺乳类

侏罗纪早期的哺乳动物和恐龙一起生活在大地上。和三叠纪相比，它们的变化不大：体形袖珍，体长为 10 ～ 30 厘米，全身毛茸茸的，外表和老鼠十分类似。

摩尔根兽

生活时期：侏罗纪（距今 2.1 亿～ 1.45 亿年前）
栖息地：林地
食物：昆虫
化石发现地：中国、美国、英国

在世界不同地方出土的化石告诉我们，摩尔根兽在恐龙时代分布十分广泛。它是一种小型哺乳类，有着短短的腿和尾巴。摩尔根兽的颌部具有爬行类与哺乳类的混合特征，它很可能像爬行类一样靠产卵来繁衍后代。

家族档案

主要特征

- 全身长满毛发；
- 耳部结构完善；
- 体形娇小；
- 下颌由单一的齿骨组成。

生活简介

侏罗纪的哺乳类继续分化成各种各样的新种类，为了躲避恐龙的猎杀，它们可能依旧保持着夜行的习惯。

巨齿兽

生活时期：侏罗纪中期（距今约 1.65 亿年前）
栖息地：林地
食物：昆虫和植物
化石发现地：中国

巨齿兽的体形和现代的松鼠差不多，身体修长，有长长的吻部和尾巴。科学家研究化石后认为，巨齿兽很可能是一种杂食性动物。它的牙齿很特殊，既可以用来咀嚼植物，又可以吞食昆虫和蠕虫，甚至还可以吃掉其他小哺乳动物。

Part 8

恐龙的鼎盛与衰落

恐龙高度繁荣的白垩纪

进入白垩纪以后，高度繁荣的恐龙家族已经在地球上生存了8000多万年。它们继续统治着陆地，维护着自己的霸权地位，并发展出了很多后代。此时，天空中有翼龙"巡视"，海洋里有爬行动物"坐镇"，一些小型哺乳动物只好在夹缝中求生存……

植物"新势力"

白垩纪的气候仍然如侏罗纪那样温暖、湿润，植物家族在此基础之上不断进化、发展。白垩纪早期，陆地植物以裸子植物和蕨类植物为主，松柏、苏铁等植物十分繁茂。渐渐地，被子植物开始展示出它的实力，迅速扩张自己的"领土"。到白垩纪晚期，被子植物已经"打败"了其他两类植物家族，占据了统治地位。

被子植物

白垩纪晚期，榕树、杨、胡桃等植物已经出现了。这时的植物面貌非常接近新生代。

盘足龙

大夏巨龙

Part8

恐龙的鼎盛与衰落

动物新"强者"

植物的进化在一定程度上促进了植食性动物的进化和发展。白垩纪时，大型蜥脚类恐龙逐渐失去了优势地位，但恐龙家族里又进化出了如鸭嘴龙、霸王龙、甲龙等新的"强者"。而哺乳动物虽然也有所发展，但仍然属于"弱势群体"，进化进程缓慢。

鸭嘴龙

霸王龙

甲龙

白垩纪的天空依然是翼龙的天下。此时，翼龙的体形进化已经到了巅峰阶段。地球历史上最大的飞行动物——风神翼龙就出现在这一时期。

风神翼龙

白垩纪时期的海洋同样有"强者"。一些体形出众、凶猛异常的爬行动物在海洋里称王称霸。上龙和沧龙就是最典型的代表。此外，造礁生物厚壳蛤异军突起，甚至一度取代了造礁大军——珊瑚。

上龙

沧龙

禽龙科

禽龙科恐龙是鸟脚类恐龙中非常繁盛的一类成员。它们大都体形庞大，具有能磨碎食物的特化牙齿。而且，大部分禽龙都有尖而锋利的"大拇指"。

禽龙

生活时期：白垩纪早期（距今1.35亿～1.25亿年前）
栖息地：森林
食物：苏铁、蕨树和马尾草
化石发现地：比利时、德国、法国、西班牙等

禽龙是人类发现的第一种恐龙化石，也是第二种被命名的恐龙。禽龙是本科恐龙中体形最庞大的，身长可达9米，身高可达5米，体重约3.4吨。

家族档案

主要特征

🐾 体形庞大，身长5～10米；

🐾 具有特化的5指；

🐾 行动非常迅速。

生活简介

禽龙科恐龙主要生活在侏罗纪晚期到白垩纪早期，个别种类延续到白垩纪晚期。

禽龙的手指有什么特别之处？

禽龙的手指十分特别：中间3根手指并拢起来呈蹄状，可以承受整个身体的重量；第5根手指又细又长，可以向手心弯曲，方便抓握；大拇指呈矛状。长着十几厘米长的尖爪，犹如锋利的防御武器。

高吻龙

生活时期：白垩纪早、中期（距今 1.2 亿～1 亿年前）

栖息地：平原

食物：植物

化石发现地：蒙古国

  高吻龙因巨大的口鼻以及鼻端上明显的高拱而得名。它们的前肢约是后肢的一半长，似乎是用双足行走的。但是它们前肢的腕骨又厚又结实，足以支撑身体。所以，高吻龙也可能是用四足行走的。

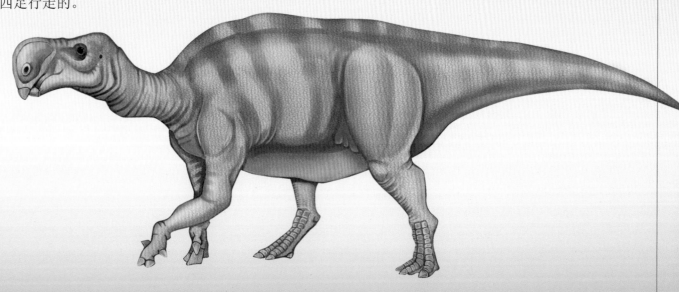

豪勇龙

生活时期：白垩纪中期（距今约 1.1 亿年前）

栖息地：河流三角洲地区

食物：植物

化石发现地：非洲

  豪勇龙的背部有类似美洲野牛的隆肉。古生物学家认为，它的隆肉与骆驼的驼峰有相似的功能，可以储存脂肪和水，以便在食物匮乏时为其提供能量。

棱齿龙科

　　棱齿龙科成员因上颌齿齿冠的颊面有小的竖直棱，大部分下颌齿有明显的中棱和几条较弱的次级棱而得名。它们曾是分布最广泛、生存时间最长的恐龙之一。有些人认为棱齿龙科恐龙可能是禽龙和鸭嘴龙的祖先。

棱齿龙

生活时期： 白垩纪早期（距今1.25亿～1.2亿年前）
栖息地： 森林
食物： 低矮植物的叶子
化石发现地： 亚洲、欧洲、大洋洲、北美洲

　　棱齿龙身长大约有2米，体重70千克左右，在恐龙家族中体形并不算大。棱齿龙的尾巴僵硬，修长的四肢表明它们能够快速奔跑，以逃离掠食者的捕杀。

棱齿龙的饮食习惯与哪种动物相似？

　　棱齿龙的体形很小，所以只能靠一些低矮植物的幼枝和根茎来填饱肚子。它们会先将美味的食物储存在颊囊里，然后再用后面的牙齿慢慢咀嚼。这种进食习惯与我们熟悉的现代鹿非常相似。

家族档案

主要特征

🐾 牙齿有棱；

🐾 体形较小；

🐾 多数成员动作敏捷。

生活简介

　　棱齿龙科恐龙的生存时间从1.63亿年前持续到6640万年前，繁盛于侏罗纪晚期至白垩纪晚期。本科成员的化石主要在亚洲、欧洲、大洋洲以及美洲被发现。

加斯帕里尼龙

生活时期：白垩纪晚期（距今约 8500 万年前）

栖息地：林地

食物：杂食

化石发现地：阿根廷

　　加斯帕里尼龙是继南方棱齿龙之后，第二种发现于南美洲的棱齿龙科恐龙。古生物学家曾在其化石中发现了大量胃石。这些胃石呈圆形，十分光滑，推挤在化石的腹部。与其他恐龙一样，胃石是加斯帕里尼龙消化食物的重要工具。

奔山龙

生活时期：白垩纪晚期（距今约 7700 万年前）

栖息地：森林

食物：植物

化石发现地：美国

　　目前，人们只在美国蒙大拿州发现过奔山龙的化石。它的颧骨有隆起，眼睑骨后端接触到眶后骨，上颌骨与齿骨上的牙齿发达且呈三角形，长有角质喙，可以很容易地切断、磨碎食物。

帕克氏龙

生活时期：白垩纪晚期（距今约 7000 万年前）

栖息地：森林

食物：植物

化石发现地：加拿大

　　帕克氏龙嘴呈喙状，颈部中等长，前肢短而有力，后肢长而强壮，胸侧肋骨还有轻薄的软骨骨板。这也是一种体形较小的植食性恐龙。

鸭嘴龙科

　　鸭嘴龙科恐龙由禽龙类演化而来，是白垩纪晚期北美洲数量最多的恐龙之一，也是恐龙家族最晚进化但最成功的一支。本科成员的主要特点为：每一侧的下颌骨长有数百颗牙齿，这些牙齿通过骨组织牢固地连在一起，形成搓板状的切磨面，可以切碎坚硬的食物。部分恐龙头部长有中空的头冠，可以发出声音。

鸭嘴龙

生活时期： 白垩纪晚期（距今 8000 万～ 7400 万年前）

栖息地： 沼泽和森林

食物： 树枝、树叶和种子

化石发现地： 北美洲

　　白垩纪晚期，气候温暖，植物生长得十分茂盛，加上自然界中又没有太多的天敌，所以鸭嘴龙发展得非常兴盛。鸭嘴龙有三根脚趾，后腿长而有力，前肢则比较短小。鸭嘴龙的嘴巴里长着成百上千颗牙齿。这些牙齿一层一层地排列着，上层的磨损后，下层的会很快补上。它算得上是牙齿最多的恐龙之一了。

家族档案

主要特征

- 🐾 长着鸭子般的喙嘴；
- 🐾 有颊袋，颌骨具复排齿列；
- 🐾 有的头部具中空鼻管；
- 🐾 后肢可以奔跑。

生活简介

　　鸭嘴龙科成员大都生存于白垩纪，最早生活在亚洲，后来遍及北美洲和欧洲。它们喜欢群居，平时进食植物。

Part8
恐龙的鼎盛与衰落

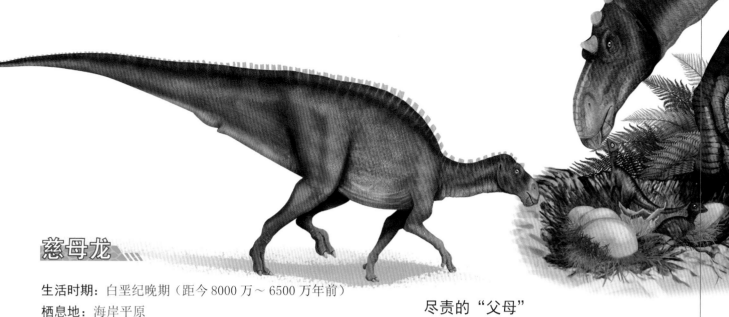

慈母龙

生活时期：白垩纪晚期（距今 8000 万～ 6500 万年前）
栖息地：海岸平原
食物：树叶、果实和种子
化石发现地：美国、加拿大

  慈母龙是恐龙王国最后存活的恐龙之一。它具备鸭嘴龙科恐龙的典型特点，拥有平坦的喙状嘴，且前部没有牙齿，鼻部较厚，眼睛前方有小型的尖状冠饰。慈母龙平时用四肢行走，奔跑时既可以用四肢又可以用两足。

尽责的"父母"

  慈母龙可以称得上是恐龙王国里最尽责的"父母"了。小恐龙出世后，慈母龙不但会精心喂食，还会带着它们四处活动，教授其很多生活技能。每次外出时，慈母龙夫妇都会走在两侧，让小恐龙走在中间，以确保它们的安全。

副栉龙

生活时期：白垩纪晚期（距今 7600 万～ 7400 万年前）
栖息地：森林
食物：植物
化石发现地：加拿大、美国

  副栉龙的头顶冠饰大而修长，向后方弯曲，看起来就像一把"小号"。古生物学家推测这个有中空细管的"小号"可以发出低沉的声音。此外，副栉龙还有一个有趣的特点：它虽然有数百颗牙齿，但是每次只使用少部分。一些牙齿被磨损后，还会长出新的牙齿。

集体御敌

  副栉龙没有坚硬的盔甲和锋利的牙齿，也没有力量十足的尾巴。为了躲过食肉恐龙的追捕，它们选择成群地生活在一起，利用极好的视觉和灵敏的嗅觉及时发现危险。有时，它们也会用头冠发出警报或求救的信号，让同伴来搭救自己。

驰龙科

驰龙科恐龙是一类中小型的肉食性恐龙。它们的外形与鸟类非常相似，有些化石保存着绒羽和正羽。还有些化石上虽然没有羽毛，但前肢肱骨头上有突起，所以可能曾经也有羽毛附着。古生物学家据此推测，驰龙科恐龙是有羽毛的恐龙，甚至是鸟类的近亲。

中国鸟龙

生活时期：白垩纪早期（距今1.3亿～1.25亿年前）
栖息地：森林
食性：肉食，也有可能是杂食
化石发现地：中国

中国鸟龙可能是世界上第一种分泌毒液的恐龙。这是因为它有着和现生毒蛇、毒蜥蜴相似的沟槽牙齿。古生物学家推测，它在捕食时会先咬住猎物，将毒液注射到对方体内，然后再趁对方麻痹时下手。

中国鸟龙化石

1999年，人们第一次在中国辽宁发现了中国鸟龙化石。这几件化石保存得相当完整。其中有一块名叫"戴夫"的化石从头到尾都有羽毛覆盖的痕迹，这说明中国鸟龙是长着羽毛的恐龙。它被认为是有羽恐龙最接近鸟类的一种，同时也是鸟类的鼻祖。

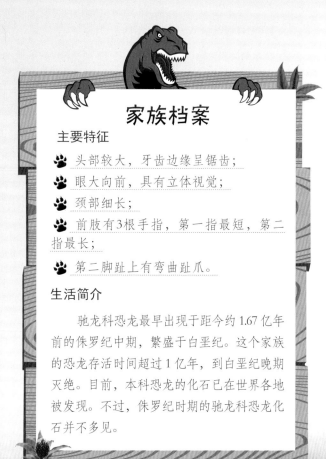

家族档案

主要特征

- 头部较大，牙齿边缘呈锯齿；
- 眼大向前，具有立体视觉；
- 颈部细长；
- 前肢有3根手指，第一指最短，第二指最长；
- 第二脚趾上有弯曲趾爪。

生活简介

驰龙科恐龙最早出现于距今约1.67亿年前的侏罗纪中期，繁盛于白垩纪。这个家族的恐龙存活时间超过1亿年，到白垩纪晚期灭绝。目前，本科恐龙的化石已在世界各地被发现。不过，侏罗纪时期的驰龙科恐龙化石并不多见。

中国鸟龙化石

犹他盗龙

生活时期：白垩纪早期（距今 1.3 亿～1.2 亿年前）

栖息地：平原

食性：肉食

化石发现地：美国

　　犹他盗龙被认为是身体条件十分出色的恐龙之一。它的视力与鹰相当，可以准确追踪猎物；它的智商很高，甚至能自己解决一些问题；最令人惊讶的是，犹他盗龙的身体十分轻盈，不但奔跑得很快，还能在高高跳起时急速转身。另外，犹他盗龙后腿的第二趾上长着巨大的钩爪，长度可以达到 24 厘米。

恐爪龙

生活时期：白垩纪中期（距今 1.15 亿～1.08 亿年前）

栖息地：森林、沼泽

食性：肉食

化石发现地：美国

　　恐爪龙因长着一对大趾爪而得名。它"镰刀爪"的大小和形状可能会因为成员的年纪而不同。有关研究表明，"镰刀爪"不是恐爪龙用来割破猎物肚皮的，而是用来刺戳猎物的，也可能是攀爬到猎物身上的重要工具。

小盗龙

生活时期：白垩纪早期（距今1.3亿～1.25亿年前）

栖息地：森林

食物：蜥蜴、昆虫、小型哺乳动物

化石发现地：中国辽宁

　　小盗龙与现在的鹰有些相似，全身长有羽毛，但它并不是鸟类的一员。古生物学家推测，小盗龙在树上长时间居住，经过多年滑翔才学会了飞行的本领。也有的古生物学家认为小盗龙生活在陆地上，它通过追捕猎物才练就了飞行绝技。

小盗龙中的代表

　　小盗龙家族有两类重要成员——顾氏小盗龙和赵氏小盗龙。顾氏小盗龙的四肢长着类似现生鸟类的飞羽。当它张开四肢时，就像展开了两对翅膀，奇妙又有趣。所以，顾氏小盗龙才会有"四翼恐龙"之称。而赵氏小盗龙虽没有顾氏小盗龙那样的飞羽，但全身都长有羽毛。于是，古生物学家推测，赵氏小盗龙很可能居住在树上，可以随意在林间滑翔。而且它还有可能是爬树高手。

小盗龙的食物

　　小盗龙是世界上最小的肉食性恐龙之一，它的食物很多，小型哺乳动物、早期鸟类、昆虫等都是它食谱上成员。除此之外，2013年古生物学家又把鱼类列入了小盗龙的食谱。

小盗龙的食物有哪些？

　　在过去的很长一段时间里，古生物学家认为小盗龙是猎食鸟类和陆地小动物的恐龙。但人们在中国辽西地区白垩纪早期的火山灰中发现了一块小盗龙化石，其中还有鱼类的化石，这表明：小盗龙还捕食鱼类。人们这才意识到，小盗龙的食性比我们想象中广泛得多。

暴龙科

　　暴龙科恐龙凶猛、残暴，堪称是地球上有史以来最大、最可怕的掠食者。但不可思议的是，暴龙科的祖先其实是一些小个子、脾气还算和善的恐龙，身上也许还长着羽毛，只不过在数百上千万年的进化过程中，它们一点点改变，最后变成了庞大的巨兽。

家族档案

主要特征

🐾 头部和颌骨宽大沉重；

🐾 颈部短而有力；

🐾 前肢短小强健，有两三根指；

🐾 后肢粗壮，可以奔跑。

生活简介

　　暴龙科出现于距今约 2 亿年前的侏罗纪，重达 14～15 吨，最长可达 15 米，灭绝于白垩纪晚期。其化石可见于西欧、北美、东亚、中亚等多地。骨骼化石告诉我们，世界各地的暴龙科物种不尽相同。

艾伯塔龙

生活时期：白垩纪晚期（距今约 7500 万年前）

栖息地：森林

食性：肉食

化石发现地：加拿大

　　艾伯塔龙由于化石发现于加拿大艾伯塔省，故得此名。目前，艾伯塔龙的化石已发现了 30 多具，其中有 22 具发现于同一地点，所以，古生物学家认为艾伯塔龙是一种群居恐龙，并且集体狩猎。这和大多数单独活动的暴龙科恐龙有很大不同。与那些大型的暴龙科恐龙相比，艾伯塔龙的体态更轻盈一些，是行动敏捷、迅速的恐龙。

达斯布雷龙

生活时期：白垩纪晚期（距今 7700 万～7400 万年前）

栖息地：丛林

食物：鱼类、恐龙

化石发现地：加拿大、美国

　　达斯布雷龙又名恶霸龙。它们大多零零散散地分布在各处，比如洞穴、丛林，只有在迁徙时才会聚在一起。平时，达斯布雷龙以突袭的方式捕猎——用粗大的尾巴狠狠地朝猎物扫去，将其打昏，再冲过去一口咬住。古生物学家研究推测，在体形相同的情况下，达斯布雷龙的攻击力可能超越了霸王龙。

魔鬼龙

生活时期：白垩纪晚期（距今7700万～7400万年前）

栖息地：河水泛滥的平原

食性：肉食

化石发现地：加拿大、美国

　　魔鬼龙成年后身长可达9米，它们的后肢修长，前肢细小，牙齿锋利。作为顶级掠食者，魔鬼龙在食物链的最顶点，可能以大型的尖角龙、鸭嘴龙为捕食对象。

特暴龙

生活时期：白垩纪晚期（距今7000万～6500万年前）

栖息地：河水泛滥的平原

食性：肉食

化石发现地：亚洲（蒙古国、中国）

　　特暴龙意为"令人害怕的蜥蜴"，是一种大型的两足掠食性恐龙。成年特暴龙体重可达数吨，颈部呈S状弯曲，前肢是暴龙科中最短小的，有两根迷你型手指；后肢长而粗厚；长而重的尾巴可以平衡身体。特暴龙与霸王龙有亲缘关系。

霸王龙

生活时期：白垩纪晚期（距今 7000 万～ 6600 万年前）
栖息地：森林和岸边沼泽地
食性：肉食
化石发现地：北美洲

　　霸王龙是肉食性恐龙家族中出现最晚、体形最大、最凶猛有力的一种恐龙。在白垩纪晚期，霸王龙凭借着像公共汽车那样庞大的身体、强壮有力的头部，四处横行霸道，捕杀掠食，几乎没有任何对手。所以霸王龙还有一个名字叫作"暴龙"，意思是"恐龙王国中残暴的君王"。

绝佳的视力

　　霸王龙虽然眼睛不大，视力却非常好。它的眼睛长在高高的头颅上，就像一架双筒望远镜，不但可以看得很远，还能有效集中视力。因此，霸王龙看到的物体是立体的，十分清晰。当它捕猎时，绝佳的视力可以帮助其精准判断猎物的位置。

粗壮的香蕉牙

霸王龙的头是所有恐龙类捕食者中最大的。它的嘴巴里长满了又粗又壮的牙齿。这些牙齿约有 60 颗，每颗长约 15 厘米。不过，粗壮的牙齿并不锋利，反而像一根根香蕉。所以，它的牙齿又被称为"香蕉牙"。

后肢

霸王龙的后肢十分强健，这在一定程度上弥补了前肢短小的不足。但是，因为自身是个大块头，一旦摔倒很可能造成致命的伤害，所以霸王龙很少快速奔跑。于是，很多人忘了它是每小时可以奔跑 40 千米的"运动健将"。平时，后肢也是霸王龙攻击猎物的武器。狩猎成功后，它会用后肢狠狠踩住猎物，然后再张开血盆大口，享用美餐。

食物

霸王龙是白垩纪晚期残暴的"君王"。它横行霸道，四处捕杀掠食，几乎不将任何动物放在眼里。而且霸王龙的胃口极大，需要大量的食物补充体力。好在白垩纪时期三角龙随处可见，要知道，这可是霸王龙的最爱。

镰刀龙科

　　镰刀龙科恐龙长着一对弯曲的、巨大的指爪，这让其看起来颇有威仪。不过，它们却是植食性恐龙家族的成员。因为牙齿无法撕咬和咀嚼肉类，镰刀龙科恐龙只能靠那锋利的大爪抓取一些植物充饥。但它们或许偶尔会捕捉小动物调剂一下口味。

家族档案

主要特征

🐾 前肢长着一对弯曲的大爪；

🐾 颈部细长；

🐾 身体某些部位长着羽毛；

🐾 尾巴较短。

生活简介

　　镰刀龙科恐龙约在 1.3 亿年前出现，灭绝于白垩纪晚期。目前，这科恐龙的化石主要发现于美国、蒙古国和中国。

北票龙

生活时期：白垩纪早期（距今约 1.25 亿年前）
栖息地：森林
食性：植食
化石发现地：中国辽宁

　　北票龙化石未被发现之前，人们一直不确定镰刀龙科恐龙应该归为哪一类。北票龙化石出土后，古生物学家惊喜地在上面发现了成群印痕。因为只有兽脚类恐龙是有羽毛的，所以包含北票龙在内的镰刀龙科归属于兽脚类恐龙。

镰刀龙

生活时期：白垩纪晚期（距今 8000 万～7000 万年前）
栖息地：沙漠、戈壁
食物：植物，或许也吃一些肉类
化石发现地：中国、蒙古国

　　镰刀龙的化石于 20 世纪 40 年代被一支国际考察队在蒙古国荒凉的戈壁滩上发现。当时人们凭借那个巨大的指爪推测，这种恐龙性情暴烈，应该是善于奔跑、攻击性强的肉食性恐龙。但事实上，它们温和善良，主要以植物为食。

奔跑受限

　　镰刀龙的模样奇特：个子很高，脑袋很小，脖子又细又长，还挺着一个"啤酒肚"。另外，镰刀龙的大腿很细，脚板又短又宽，缺乏稳定性。所以，镰刀龙无法快速奔跑。

镰刀龙的巨爪有哪些作用？

　　镰刀龙的前肢可达 3 米，指爪甚至比人的手臂还长。但是，这惊人的指爪不怎么锋利，反而有些钝，是镰刀龙平时用来钩取树叶、挖食白蚁的工具。而且大指爪还可能是镰刀龙求偶炫耀的法宝。只有在紧急情况时，镰刀龙才会用巨爪抵御敌人的猛烈攻势。

窃蛋龙科

窃蛋龙科化石最早发现于蒙古国。由于古生物学家第一次发现窃蛋龙化石时，发现它正爬在一窝原角龙蛋上面，于是认为这是一只正在偷蛋的恐龙，就给它起了这个有意思的名字。后来，随着越来越多化石的发现，人们才意识到这类恐龙并不是在偷蛋，而是像鸟类一样具有筑巢、孵蛋和保护幼仔的行为。

窃蛋龙

生活时期：白垩纪晚期（距今 8500 万 ~ 7500 万年前）
栖息地：沙漠地带
食物：植物或肉类
化石发现地：中国、蒙古国

窃蛋龙是窃蛋龙科的代表性恐龙。它体形娇小，看起来就像一只鸵鸟，全身也许还披满羽毛；头顶有一个高高耸起的骨质头冠，十分显眼；嘴巴里没有牙齿，但是尖锐的喙嘴强而有力，可以敲碎坚硬的骨头，所以古生物学家推测，窃蛋龙除了果实外，还会找一些软壳动物来吃，所以它应该是一种杂食性恐龙。

家族档案

主要特征

🐾 头颅骨有许多气腔；

🐾 嘴巴呈喙状，吻部短；

🐾 头顶有装饰的脊冠；

🐾 身被羽毛。

生活简介

窃蛋龙科生活在距今 8400 万 ~ 6600 万年前的白垩纪晚期。迄今为止，窃蛋龙科的巢穴、蛋以及胚胎化石，大多数发现于中国和蒙古国的戈壁沙漠。

Part8
恐龙的鼎盛与衰落

尾羽龙

生活时期：白垩纪早期（距今1.3亿～1.2亿年前）

栖息地：湖泊附近

食性：植食

化石发现地：中国

尾羽龙是一种外形十分独特的恐龙，全身布满短绒毛，前肢演化成翼状，且长着大片华丽的羽毛，尾巴上还有一束扇形排列的尾羽，不过它的羽毛无法飞行，是用来保暖和吸引异性的。而对于古生物学家来说，尾羽龙的羽毛还有更重要的研究价值——这些羽毛具有明显的羽轴，也发育有羽片，总体形态和现代羽毛非常相似，是鸟类从恐龙演化而来的最明确的证据。

切齿龙

生活时期：白垩纪早期（距今约1.23亿年前）

栖息地：森林、草地

食性：植食

化石发现地：中国

切齿龙是目前发现的最原始的窃蛋龙科恐龙。它的头骨发生特化，和鸟类十分相似，所以有一些学者认为它或许本身就是一种不会飞行的鸟类。而切齿龙最特别的地方还在于它的牙齿形态：前上颌骨长着一对非常大的门齿，与现在的老鼠很像，而且牙齿上还有在植食性恐龙中常见的明显的磨蚀面，这些特征表明切齿龙是一种植食性恐龙。

棘龙科

棘龙科恐龙生活在沼泽和江河入海处。它们体形较大，以脊背上的帆状物而得名。古生物学家通过研究化石推测出一个结论：棘龙科恐龙是一种半水生的恐龙，既可以在陆地生活，又可以在水中生活。它们能凭借细长的吻部和巨大的爪子，捕捉鱼类。

重爪龙

生活时期：白垩纪早期（距今约 1.25 亿年前）
栖息地：河岸
食性：肉食。捕食鱼类，也可能吃其他动物
化石发现地：英国、西班牙、葡萄牙

重爪龙拥有非常厉害的"武器"——巨爪。巨爪是它拇指上的一个尖爪，很像锋利的钩子。有了巨爪的帮助，当它饥肠辘辘时，就能轻易地从湖中抓到鱼。捕食成功后，重爪龙不会立即享用，而是用嘴巴叼住返回蕨林丛中慢慢进食。

家族档案

主要特征

🐾 长有类似长吻鳄的颌与牙齿；

🐾 前肢强壮，长有大爪；

🐾 背部有帆状物；

🐾 两足行走。

生活简介

棘龙科恐龙最早出现在侏罗纪晚期，繁盛于白垩纪早期。成员多是凶猛的掠食者，分布在亚洲、非洲、南美洲、欧洲等地。但是到了白垩纪中、晚期，由于环境恶化严重，这些曾经风光无限的恐龙纷纷灭绝了。

似鳄龙

生活时期：白垩纪中期（距今约 1.12 亿年前）

栖息地：多水沼泽

食物：鱼类，也可能吃其他动物

化石发现地：非洲

　　似鳄龙以那像极了鳄鱼的细长吻部和 100 多颗锋利的牙齿而得名。它喜欢在河里捕鱼，这点与鳄鱼非常类似。但可惜的是，体形高大的似鳄龙在发展进化的过程中灭亡了，而鳄鱼却一直生存到现在。

棘龙

生活时期：白垩纪中期（距今约 9700 万年前）

栖息地：热带沼泽

食性：肉食。可能捕食鱼类

化石发现地：摩洛哥、利比亚、埃及

　　一只成年棘龙的体长可达 18 米，高约 6 米，体重约 19 吨。如此出众的体形，难怪它是最大的兽脚类恐龙了！事实上，除了高大之外，棘龙背部的大"帆"同样让人过目不忘。这个"帆"有一个成人那么高，是由脊椎骨上长出的一根根神经棘被皮膜包裹构成的。

背帆有什么用？

　　棘龙那高高的背帆到底是做什么用的？至今为止，这仍旧是个未解之谜。对此，古生物学家提出了很多观点：有人认为棘龙的背帆是它们繁殖季节吸引异性的装饰物；有人认为背帆可能是棘龙的脂肪"仓库"，可以为其提供能量；还有人觉得背帆是一个体温调节"装置"，能帮助棘龙控制自身体温。

望而生畏

　　在肉食性恐龙家族里，很多恐龙的前肢都是非常短细的，但棘龙却不同。棘龙的前肢充满力量，不仅能下水抓鱼，还能快速捕杀其他动物，可谓是横行水陆两地的攻击性"武器"。这一点，就连凶猛霸道的霸王龙都比不上，更不用说其他肉食性恐龙了。

奥沙拉龙

生活时期：白垩纪中期（距今 9800 万～ 9300 万年前）

栖息地：河流、湖泊附近

食性：肉食。捕食鱼类、小型恐龙或吃腐肉

化石发现地：巴西

　　已发现的奥沙拉龙化石不够完整。古生物学家依据残缺的化石，经过潜心研究和推测，认为奥沙拉龙有 12 ～ 14 米，体重 7 ～ 10 吨，是目前在巴西发现的最大的兽脚类恐龙。同时在兽脚类恐龙中，奥沙拉龙的体形仅次于棘龙、霸王龙、巨兽龙和魁纣龙。奥沙拉龙的前肢化石还没有被发现，但古生物学家推测：它拥有强壮的前肢，还有三根巨大、锋利的趾爪，那是奥沙拉龙捕食的强力武器。

Part8
恐龙的鼎盛与衰落

盘足龙科

　　1956 年，美国古生物学家阿尔弗雷德·罗默建立盘足龙科，当时还包括了一些在中国发现的蜥脚类恐龙，其中的峨嵋龙、天山龙后来又被划入马门溪龙科。现在，盘足龙科被定义为新蜥脚类恐龙，亲缘关系接近于师氏盘足龙，而又远离南方内乌肯龙的所有物种。

家族档案

主要特征

🐾 体形高大，脖颈修长；

🐾 脚掌外形浑圆，足像圆盘。

生活简介

　　盘足龙科恐龙生存于侏罗纪晚期到白垩纪早、中期。其中，师氏盘足龙是我国正式命名的第一只蜥脚类恐龙。

盘足龙

生活时期：白垩纪早期（距今 1.29 亿～ 1.13 亿年前）
栖息地：森林、湖泊
食性：植食
化石发现地：中国山东

　　盘足龙是一种大型植食性恐龙，主要生活在河湖边缘。它身长约 15 米，重约 18 吨，前肢长于后肢，最大的特点是脚掌像个圆盘。20 世纪 20 年代，一位探险家首次在我国发现了盘足龙化石。它也是有记载以来第一个在中国发现的恐龙化石。

大夏巨龙

生活时期：白垩纪早期（距今约 1.23 亿年前）
栖息地：平原
食性：植食
化石发现地：中国甘肃

　　大夏巨龙化石发现于我国甘肃兰州盆地。不过，到现在为止，我们只找到了它的颈椎和股骨化石。古生物学家据此推测，大夏巨龙拥有一个长长的脖子，其颈椎可能多达 19 节，身长可达 30 米。这使它成为了我国发现的最长的恐龙之一。

甲龙科

甲龙科恐龙体表通常有一层由固定骨片组成的厚重鳞甲，上面散布着不同的尖刺与瘤块。甲龙科成员的眼部甚至有能起到保护作用的骨质甲片。

家族档案

主要特征

🐾 体形中等，包括头部在内的身体各处都覆盖着厚重的鳞甲；

🐾 头骨长宽大致相等；

🐾 嘴呈喙状，上颌有小牙；

🐾 有些尾末有骨锤。

生活简介

甲龙科恐龙出现于白垩纪早期，距今约 1.25 亿年前，灭亡于 6600 万年前的白垩纪晚期。

林龙

生活时期：白垩纪早期（距今约 1.35 亿年前）

栖息地：森林

食物：低矮的植物

化石发现地：英国、法国

林龙是一种出色的装甲恐龙。它的肩膀和臀部都长着长长的尖刺，背部和尾巴上还覆盖着装甲，"装备"非常完善。这种恐龙化石是英国医生曼特尔于 1833 年在一片森林里发现的。

多刺甲龙

生活时期：白垩纪早期（距今 1.3 亿~1.25 亿年前）

栖息地：林地平原

食物：低矮的蕨类植物等

化石发现地：英国

已发现的多刺甲龙化石较少，因此对于其了解并不全面，尤其是某些重要的生理特征。比如头骨的缺失，使人类对这种恐龙的认识还局限于身体的后半部，而对于头部还不太明确。多刺甲龙的身体同样覆盖甲板，且长有尖刺，但是甲板并没有和骨头相连。

Part8

恐龙的鼎盛与衰落

甲龙

生活时期： 白垩纪晚期（距今7000万～6500万年前）
栖息地： 森林
食物： 低矮的植物
化石发现地： 北美洲

甲龙体形较大，在它头部后侧长一对长角，体表覆盖着数以百计的骨质碟片，颈部到尾部还有多排骨质尖刺。这些大家伙有一个"杀伤性武器"——尾锤。只要甲龙猛力挥动尾锤，肉食性恐龙的头骨和牙齿都会被击碎。

包头龙

生活时期： 白垩纪晚期（距今7000万～6500万年前）
栖息地： 林地
食物： 低矮的植物
化石发现地： 北美洲

包头龙具有宽阔的喙状嘴，颈部有小小的钉状护甲；它的头部呈三角状，被装甲包裹，甚至眼睑上也武装着甲片。不过，与其他甲龙科成员一样，包头龙的腹部没有任何保护装备。这意味着它一旦被敌人弄得四脚朝天，就可能沦为掠食者的口中餐。

结节龙科

　　结节龙科成员属于早期甲龙类恐龙。它们体形从中到大不等，动作迟缓，体表基本都武装着坚硬的骨板和棘刺。结节龙科恐龙与甲龙科恐龙的最显著区别是：肩部和脖颈处长有向外凸出的骨刺，尾部没有"棒槌"。

家族档案

主要特征

🐾 头骨狭长，眼眶上方长有瘤块；

🐾 牙齿较小；

🐾 身上有骨板和棘状突起。

生活简介

　　结节龙科恐龙用四足行走，以植物为食。

棘甲龙

生活时期：白垩纪早期（距今约 1.4 亿年前）

栖息地：森林

食物：低矮的植物

化石发现地：英格兰

　　棘甲龙是一种小型的装甲恐龙，体长为 3 ～ 5.5 米，体重只有 380 千克左右。它的背部水平地排列着椭圆形甲片，组成了鳞甲，而且它的颈部到肩部还有延伸棘刺排列。

敏迷龙

生活时期：白垩纪早期（距今1.2亿～1.15亿年前）

栖息地：灌木丛或多树平原

食物：蕨类植物

化石发现地：澳大利亚

　　敏迷龙体形较小，用四足行走。它的前肢几乎与后肢一样长，所以当四肢着地时，整个背部基本处于水平的状态。

埃德蒙顿甲龙

生活时期：白垩纪晚期（距今7500万～6600万年前）

栖息地：林地

食物：低矮的植物

化石发现地：北美洲

　　埃德蒙顿甲龙是最大的结节龙科恐龙之一。化石显示，它比现代犀牛还要健壮。埃德蒙顿甲龙不但有完美的骨板装备，还有几对大刺突，就像利剑一样。所以，即使肉食性恐龙也要让它三分。

结节龙

生活时期：白垩纪晚期（距今7000万～6600万年前）

栖息地：林地

食物：植物的嫩叶、根

化石发现地：北美洲

　　结节龙身体滚圆，头部窄小，四肢粗壮。它身体两侧覆盖着密密麻麻的厚骨片，骨片上还有很多小骨突。因为没有骨槌那样厉害的武器，当敌人来时，结节龙可能像刺猬一样趴在地上，用坦克履带般的身体保护自己。

原角龙科

原角龙科是角龙类中"第一种头上有角"的恐龙。它们大都身形较小，头部虽然有颈盾，但是却没有明显的角，只有不太明显的突起。

古角龙

生活时期： 白垩纪早期（距今约 1.25 亿年前）
栖息地： 平原
食物： 蕨类、苏铁等植物
化石发现地： 北美洲、亚洲

古角龙因头顶那类似"角"的头盾而得名。它有着鹦鹉一样的喙状嘴，十分锋利，进食比较方便。古角龙化石最早于中国甘肃肃北马鬃山地区被发现，包括头骨、尾椎、骨盆以及大部分后耻骨。1996 年，由古生物学家董枝明以及东洋一为其命名。

家族档案

主要特征

- 体形矮小笨重；
- 面部有粗糙突起；
- 颈部有颈盾；
- 嘴呈喙状。

生活简介

原角龙科生存于白垩纪时期。

雅角龙

生活时期：白垩纪晚期（距今约9000万年前）
栖息地：平原荒漠
食物：树叶
化石发现地：北美洲、亚洲

　　雅角龙的化石发现极少，目前只有部分头骨和骨架，据推测这是一种极小型的恐龙，身长可能只有80厘米。另外，雅角龙长着类似鹦鹉的喙状嘴，十分尖锐，由于当时开花植物范围有限，因此雅角龙可能以当时的蕨类、苏铁、松科等优势植物为食。

原角龙

生活时期：白垩纪晚期（距今7400万～6500万年前）
栖息地：灌木丛和沙漠地带
食性：植物的茎或叶子
化石发现地：蒙古国、中国

　　原角龙是角龙类进化开始的标志，也是人类发现的第一只角龙。它体形较小，但四肢相对粗壮。原角龙的前肢和后肢几乎一样长，且脚掌宽阔厚实，趾端具爪。古生物学家据此推测，原角龙可能生活在高原地区。

角龙科

角龙科恐龙最显著的特点是头上有数目不等的角，颈部有宽大的骨质颈盾。要知道，这两种构造是它们保护自身安全的最佳"装备"。本科恐龙虽然是最晚出现的一类鸟臀目恐龙，却能在短时间内演化出众多类型。不得不说角龙类是进化非常成功的恐龙。

鹦鹉嘴龙

生活时期：白垩纪早、中期（距今1.23亿～1亿年前）
栖息地：河岸边
食性：植食
化石发现地：中国、蒙古国、俄罗斯

鹦鹉嘴龙长着喙状嘴，样子很像鹦鹉。它的嘴很锐利，可以切碎植物。在所有的恐龙化石中，鹦鹉嘴龙化石堪称是最丰富、最完整的。因为截至目前，人们已经发现了400多个鹦鹉嘴龙化石标本，这其中包括许多完整的骨架。古生物学家通过研究鹦鹉嘴龙化石后推断，这种多栖息在水边的恐龙是大部分角龙的祖先。

家族档案

主要特征

🐾 头大而长，具尖角；

🐾 嘴呈喙状；

🐾 颈部较短，颈盾较大；

🐾 尾巴短粗。

生活简介

角龙科恐龙是北美洲地区最常见的植食性恐龙类群之一，生存于白垩纪。

戟龙

生活时期：白垩纪晚期（距今 7400 万～ 6500 万年前）
栖息地：开阔的林地
食性：植食
化石发现地：北美洲

　　戟龙是头部长角最多的恐龙。它不仅鼻子上有个又高又大的角，脖子上还长有 4 ～ 6 个大角。有意思的是，这些大角两侧还有许多小角。戟龙的角看起来华丽又壮观，与我国古代一种叫作"戟"的兵器很像，所以它就有了戟龙这个名字。

三角龙

生活时期：白垩纪晚期（距今 7000 万～ 6600 万年前）
栖息地：森林
食性：植食
化石发现地：北美洲

　　三角龙体形较大，看上去就像是一只巨型犀牛。它的鼻子上长着一只短角，额头上长着两只长角，因此被称作三角龙。三角龙脖子灵活，还长着强有力的喙嘴，因此即便棕榈叶、苏铁等坚韧的植物也可以作为美食。

厚鼻龙

生活时期：白垩纪晚期（距今约 7500 万年前）
栖息地：草原
食性：植食
化石发现地：加拿大

　　1905 年，厚鼻龙在加拿大艾伯塔省被发现，并于当年被描述、命名。目前发现的化石只有十几块不完整的头骨。至于其鼻部是否长角，这点还无法确定，但其头骨的两眼之间有巨大的、平坦的隆起物，而非角状。

　　这些"隆起"可能是用来和对手搏斗的武器。另外，厚鼻龙有隆起的颈盾，上面武装着角和刺突，且头盾的形状、大小因个体不同而有差异。

肿头龙科

肿头龙科恐龙最早出现于白垩纪早期，灭绝于白垩纪晚期。这些恐龙外貌独特：个体不大，头顶骨异常肿厚呈圆顶状。目前，人们已发现的肿头龙类化石比较少。

家族档案

主要特征

🐾 头上有穹顶状头盖；

🐾 颞颥（niè rú）孔封闭。

生活简介

古生物学家认为，肿头龙科成员突出坚硬的头骨是它们争夺配偶、与敌人一决高下的作战武器。

肿头龙

生活时期：白垩纪晚期（距今约 6600 万年前）
栖息地：森林
食性：杂食。吃树叶、果实，也可能吃小动物
化石发现地：北美洲

可以说，肿头龙是恐龙家族中最容易辨识的成员之一。它头顶约 25 厘米厚的坚硬骨质顶就像瘤状头盔一样引人注目。对肿头龙而言，个性的"头盔"非常重要，因为除了争夺首领地位，它还能用"头盔"来恐吓肉食性恐龙。

冥河龙

生活时期：白垩纪晚期（距今约 6600 万年前）

栖息地：森林、岸边

食性：植食

化石发现地：北美洲

    冥河龙那复杂又精巧的骨板，以及头顶、鼻子和嘴巴附近长长的棘状物，让人看起来觉得异常狰狞。其实，这种面目凶恶的家伙与肿头龙有亲戚关系，是肿头龙家族的后起之秀。不过，它却进化得比肿头龙还要高级。

平头龙

生活时期：白垩纪晚期（距今约 8000 万年前）

栖息地：平原

食物：低冠植物

化石发现地：蒙古国

    平头龙的头骨平坦，呈楔状，顶部非常厚实，表面粗糙，布满了凹坑和骨质小瘤。两只雄性平头龙相遇时会利用它们带有许多球状饰物的头部互相顶撞，从而决定谁能当首领。另外，平头龙还以宽大的臀部著名，这使得不少古生物学家认为平头龙是直接生下幼仔的，但是也有人认为，宽大的臀部可以帮助平头龙在打斗中缓冲撞击，避免摔倒在地。

恐龙的灭绝

强大的恐龙统治了地球长达1.6亿年之久，却突然间灭绝消失了，这成为生物史上的难解之谜。那么6600万年前，地球到底经历了什么？又是什么埋葬了这些神秘的动物呢？

"天外来客"的碰撞

1980年，美国著名物理学家路易斯·阿尔瓦雷兹在恐龙灭绝年代的岩石中发现了极高浓度的铱元素。要知道，铱元素是陨石中常见的物质。所以，他认为当时在地球的某个地方一定发生过由小行星或彗星造成的大碰撞。而且小行星或彗星的直径大得惊人，应该至少有10千米。如果这个推测是正确的，那么这种撞击所产生的能量相当于100亿枚广岛原子弹。

大火

一些科学家认为，这次撞击事件使地球燃起了熊熊大火，全世界的森林都燃烧了起来。于是，像恐龙这种体形较大的动物几乎都葬身火海了。

酸雨

另一种理论认为，撞击事件所产生的化学物质让地球产生了如洪水般汹涌的酸雨，是酸雨毁灭了地球上的一切。

黑暗

还有一种理论认为，由大碰撞产生的大量烟尘遮住了太阳。地球在几个月甚至几年的时间中处在一片黑暗之中。侥幸在大碰撞中逃生的恐龙在这种情况下不是被冻死了，就是被饿死了。

植物死亡

没有了阳光，植物无法进行光合作用，便会慢慢死去。接着缺乏食物的植食性恐龙和肉食性恐龙相继被饿死。

陨石坑证据

在墨西哥的尤卡坦半岛上一个叫奇克斯伦伯的小村庄附近，科学家们发现了一个巨大的陨石坑。这个陨石坑直径达 180 千米。科学家们推测这应该就是当时陨石撞击地球留下的痕迹证据。

其他爬行类

白垩纪时期，除了恐龙，天空和海洋里还生活着一群恐龙的"亲戚"。它们在各自的领地雄居榜首，同样是爬行动物中的大望族。

神龙翼龙科

进入白垩纪以后，天空依然由翼龙主宰。这时，翼龙的进化已经达到巅峰，出现了很多成员。其中，生存于白垩纪晚期的神龙翼龙科就是典型代表。

家族档案

主要特征

🐾 颈部细长，由延长的颈椎构成；

🐾 头较大，颚骨似长矛；

🐾 颈椎骨剖面为圆形。

生活简介

有人认为神龙翼龙科动物的生活方式很像现生鸟类剪嘴鸥，还有人认为它们的生活方式类似鹳鸟。但这两种说法都只是推测，并没有确切证据。

蒙大拿神翼龙

生活时期： 白垩纪晚期（距今7600万～7200万年前）

栖息地： 海洋、河岸附近

食物： 鱼类

化石发现地： 北美洲

蒙大拿神翼龙生活于白垩纪时期的北美洲，目前只发现了部分翼翅化石。与其他神龙翼龙科亲戚相比，它的体形较小，展翼时可能只有2.5米左右。

风神翼龙

生活时期：白垩纪晚期（距今 7000 万～6500 万年前）

栖息地：开阔的林地

食物：淡水节肢动物、腐肉

化石发现地：美国

  风神翼龙站立时有长颈鹿那么高，双翼展开时可以覆盖整个网球场。飞行时，就像一架飞机在翱翔。如此庞大的体形使它成为当时地球上最大的飞行动物。

定时进餐

  风神翼龙身材高大，能量消耗非常快，所以它每天需要定时进餐，及时补充体力。为此，风神翼龙白天常常要飞很远的距离，来寻找小型恐龙或恐龙的幼崽填饱肚子。

浙江翼龙

生活时期：白垩纪晚期（距今约 7000 万年前）

栖息地：海洋、河岸附近

食物：鱼类

化石发现地：中国浙江

  1986 年，一位村民在浙江临海的上盘岙（ào）里村开采石料时偶然发现了浙江翼龙化石。这是一种个头中等的翼龙，双翅展开可达 3.5 米。它的颈部细长，头骨较低，喙平直且尖锐，但没有牙齿。

沧龙科

　　白垩纪时期的海洋中，因为鲨鱼的出现，鱼龙科动物数量变得非常稀少。但蛇颈龙科动物仍旧保持着一定的数量。白垩纪晚期，海洋中新出现了一类沧龙科动物。它们使海洋食物链再次变得完整起来。

沧龙

生活时期： 白垩纪晚期（距今 7000 万～ 6600 万年前）
栖息地： 海洋
食物： 枪乌贼、鱼类、贝壳
化石发现地： 美国、比利时等

　　沧龙有一辆公共汽车那么大，性情非常凶猛。是中生代海洋中最大、最成功的掠食者。这种白垩纪晚期才出现的动物，仅用了约 500 年的时间，就将鱼龙科、蛇颈龙科以及上龙科等动物逼上了绝路，称霸整个海洋。

家族档案

主要特征

🐾 身体表面有鳞，靠摆动游泳；

🐾 上腭牙齿向外突出；

🐾 四肢呈鳍状。

生活简介

　　沧龙科动物靠捕食枪乌贼、软体动物、鱼类以及其他海洋爬行动物为食。

偷袭战术

　　沧龙在追逐猎物时不太适合打"持久战"，因此它通常会机智地躲藏在海藻或礁石旁边，等待猎物自己送上门来。沧龙那灵敏的舌头如同探测雷达一样，可以轻易发现目标。只要有猎物靠近，接收到信号的沧龙就会猛地飞冲出去，一口咬住来不及逃走的猎物，饱餐一顿。

板果龙

生活时期：白垩纪晚期（距今8500万～8000万年前）

栖息地：海洋

食物：枪乌贼、鱼类

化石发现地：世界各地

　　板果龙是沧龙科动物中数量最多的一类成员，其化石已在世界各地被发现。它身形修长，嘴巴狭窄，脚掌宽大有蹼。相关研究表明，板果龙平时喜欢漫游在浅海里寻找小鱼和鱿鱼。

海王龙

生活时期：白垩纪晚期（距今8600万～7500万年前）

栖息地：浅海

食物：鱼类以及其他海洋爬行动物

化石发现地：北美洲、欧洲

　　海王龙体长可达14米，是最大的沧龙科成员之一。它是游泳健将，四肢已经变成桨状的鳍脚，长尾巴为身体长度的二分之一，那是海王龙游泳时的强力推进器。

在夹缝中生存的哺乳类

尽管与鼎盛的恐龙家族相比，哺乳动物在白垩纪时期仍然显得有些微不足道，但可以确定的是，它们一直在"夹缝"里悄悄发展着。至少，这个群体的动物种类变得丰富了许多。

始祖兽

生活时期：白垩纪早期（距今约 1.25 亿年前）
栖息地：河湖岸边矮小的树丛
食物：昆虫
化石发现地：中国辽宁

始祖兽的肩部、肢骨以及细长的足趾与许多善于攀援或树栖的现生哺乳动物非常类似。所以，古生物学家推测它善于在崎岖地面和灌木丛中攀爬。始祖兽化石显示，它是迄今为止发现的包括人类在内的哺乳类家族中最早的成员之一。

家族档案

主要特征

🐾 体形依旧较小；

🐾 多数陆生成员体表被毛；

🐾 神经系统和感官较为进步。

生活简介

白垩纪时期，哺乳动物只占陆地动物的一小部分。受爬行动物的影响，它们的栖息地很有限。不过，此时本类动物中的大多数成员善于攀爬树木。

阿法齿负鼠

生活时期：白垩纪晚期（距今约 7000 万年前）
栖息地：森林
食物：昆虫、果实和小型脊椎动物
化石发现地：北美洲

阿法齿负鼠是一种原始的有袋类动物。它可能居住在树上，靠有对握能力的爪子及尾巴向上攀爬。阿法齿负鼠的头小小的，耳朵却很大。比较特别的是，它的双眼向前，属于双目视觉，能够准确"目测"距离。

中国袋兽

生活时期：白垩纪早期（距今约 1.25 亿年前）
栖息地：林地
食物：昆虫
化石发现地：中国辽宁

中国袋兽化石显示，它的手腕、踝骨以及牙齿前部都表现出有袋类动物的一些特征。与始祖兽一样，中国袋兽也是攀爬高手，经常活跃在林间。科研人员研究称，中国袋兽是现生袋鼠、袋熊等有袋类动物的祖先。

重褶齿猬

生活时期：白垩纪晚期（距今 8350 万～ 7100 万年前）
栖息地：草地
食物：昆虫
化石发现地：亚洲

重褶齿猬外表长得很像鼩鼱（qú jīng）。它的尾巴长长的，十分灵活；四肢细长，前爪很小，手指不能对握。所以，它不太可能生活在树上。重褶齿猬的鼻拱尖尖的，向上翘起，非常敏感。

稳步繁荣的鸟类

白垩纪末期，鸟类的数量和种类一直在增加。不过，它们与空中霸主翼龙的冲突很少，二者可以友好地共存。后来，翼龙逐渐灭绝，鸟类填补了生态空白，取代了它们的地位。

家族档案

主要特征

🐾 体表被羽，卵生；

🐾 鸟喙尖长，脚爪锋利；

🐾 前肢向翼演化或者已经消失。

生活简介

白垩纪时期的鸟类还比较原始。它们体形差异明显，有相当一部分成员不会飞行。

孔子鸟

生活时期： 白垩纪早期（距今1.3亿～1.2亿年前）

栖息地： 林地

食物： 种子，也可能以鱼类为食

化石发现地： 中国

孔子鸟是迄今为止发现的第一种拥有真正角质喙的鸟类。人们从化石标本可以看出，它的骨骼结构十分完整，有清晰的羽毛痕迹。孔子鸟的足爪严重弯曲、拇指反向，这表示它生活在树上。此外，它还具有一些原始特征，如双翼前端各有三个弯曲的指爪。

黄昏鸟

生活时期：白垩纪晚期（距今约7500万年前）

栖息地：海岸

食物：鱼类和枪乌贼

化石发现地：北美洲

　　黄昏鸟是一种大型有齿海洋鸟类，它的生活方式与身穿"燕尾服"的企鹅有些相似。黄昏鸟的双翼退化得细小粗短，基本没有飞行能力。它的头部扁长，牙齿尖锐，可以轻松地在海水中捕食猎物。最特别的就要数它的双足了，又宽又大，有蹼连接，但它无法在地上行走，只能用肚子着地滑行。

鱼鸟

生活时期：白垩纪晚期（距今9000万～7000万年前）

栖息地：海岸

食物：鱼类

化石发现地：北美洲

　　鱼鸟的颌部长有牙齿，是一种原始的鸟类。它体形与现代海鸥相仿，只不过头部和喙部要比海鸥长得多。鱼鸟的胸骨扁平，但胸部非常厚实。古生物学家据此推测，鱼鸟是十分杰出的"飞行家"。

伊比利亚鸟

生活时期：白垩纪早期（距今约1.35亿年前）

栖息地：森林

食物：水生甲壳类

化石发现地：西班牙

　　伊比利亚鸟与同一时期的其他鸟类相比，最大的不同就是尾巴很短。伊比利亚鸟的胸肌发达，这表明它善于飞行；弯曲的趾爪则表明它可栖息在树上。

Part8

恐龙的鼎盛与衰落

昆虫家族

白垩纪时期，无脊椎动物家族依旧繁盛。陆地上，昆虫凭借其强大的数量和繁殖优势，继续"开疆扩土"。

蚂蚁

生活时期：白垩纪至今（距今 1.3 亿年前至今）

栖息地：陆地

食物：树叶、种子、真菌等

化石发现地：世界各地

白垩纪出现的蚂蚁是现今地球上数量最多的昆虫，也是最成功的社会性昆虫。它在白垩纪还十分稀少，但随后逐渐变得常见起来。据称，蚂蚁的祖先是移居到地面群居生活的黄蜂。

家族档案

主要特征

🐾 躯干分为头、胸、腹三部分；

🐾 具有保护性的外骨骼；

🐾 两根触角，三对足；

🐾 通常长着两对翅。

生活简介

昆虫对不同环境的适应能力较强，生活范围十分广泛，海洋、陆地甚至在动物体内都有它们的身影。

为什么蚂蚁活了下来？

白垩纪末期，强大的恐龙都灭绝了，而小小的蚂蚁却存活至今。这是因为蚂蚁对食物的需求量远远低于恐龙。体形出众的恐龙只有吃下大量食物才能满足自身生存需要。如果自然环境发生改变，没有了食物，它们就会灭绝。但蚂蚁不同，它们体形很小，只要从自然界中获得一点点食物就能生存好久。

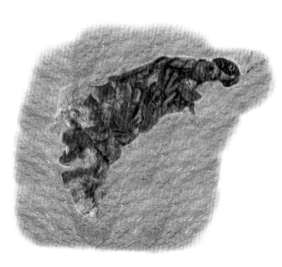

蜜蜂

生活时期：白垩纪至今（1 亿年前至今）

栖息地：陆地

食物：花粉、花蜜

化石发现地：世界各地

白垩纪早期，随着被子植物的出现，一些史前蜂类开始改变生活方式，以花为食。于是，这些成员进化成了现在的素食昆虫——蜜蜂。

迅速繁荣的鱼类

白垩纪时期的海洋十分温暖，浮游生物大量增加，致使海洋生物的种类和数量不断增长。此时，硬骨鱼的数量已经超越了原始鱼类。有些鱼类的体形增大了不少。

剑射鱼

生活时期：白垩纪（距今1.12亿～7000万年前）

栖息地：海洋

食物：其他鱼类、鸟类

化石发现地：北美洲

剑射鱼利刃般的牙齿和强劲的尾巴使它成为了海洋里超级出色的"狩猎者"。别看剑射鱼的块头很大，身体却极为灵活，不仅泳速超群，还能跃出水面。这种凶猛的鱼类时常在海中肆无忌惮地穿梭，只为捕食可口的美食。

家族档案

主要特征

🐾 体形较大，呈流线型；

🐾 长有鳍，用鳃呼吸。

生活简介

在白垩纪，虽然鱼类家族出现了不少凶猛的新成员。但是，当时的大部分鱼类依然处于弱势地位，是沧龙等爬行动物的重要捕食对象。

白垩刺甲鲨

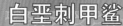

生活时期：白垩纪（距今1亿～8000万年前）

栖息地：海洋

食物：硬骨鱼、沧龙等

化石发现地：北美洲等地

白垩刺甲鲨是一种顶级海洋掠食动物，比剑射鱼还要凶猛数倍。它那满嘴锋利的牙齿就像尖刀一样，可以将猎物置于死地，并轻易吞食下去。有关证据表明，沧龙、蛇颈龙都曾是白垩刺甲鲨的狩猎目标。

Part 9
恐龙之后的新世界

新生代——繁荣的新世界

大约在 6600 万年前，一场突如其来的大灾难灭绝了统治陆地的恐龙以及许多其他生物，只有一些体形小巧的物种幸存了下来，辉煌的恐龙时代至此结束。幸存的物种在休养生息过后，迅速发展壮大，在全世界繁衍生息，原本死寂的地球重新焕发生机，繁荣的新世界到来了。

新生代的划分

恐龙灭绝标志着中生代正式结束，新生代开始了。它是地球历史上最新的，也是正在进行的一个地质时代。地质学家把新生代划分为古近纪、新近纪和第四纪三个纪。它们一共包括七个世：古新世、始新世、渐新世、中新世、上新世、更新世和全新世。我们现在生活的时代就是全新世。

崛起的哺乳类

白垩纪末期的恐怖灾难灭绝了恐龙，也重创了爬行动物。当陆地上曾经的主宰消失后，弱小的哺乳动物渐渐兴盛了起来。因为不用再面对恐龙的威胁，它们原本像老鼠一般的外表和体形开始发生变化，种类也变得丰富多样，同时在全球范围内繁衍生息，成为陆上世界新的统治者。

庞大的哺乳类家族

哺乳动物从三叠纪晚期发展到现在，已经大约有 2 亿年的历史了。这么多年来，哺乳类从无到有，从单一走向多样，已经形成了一个庞大的家族，成员包括：啮齿类、翼手类、有蹄类、有袋类以及鲸类等。现在，地球上还生活着 5000 多种哺乳动物。

被子植物的繁盛

　　被子植物是植物界种类最多，分布最广，也是等级最高的一类。它们最早出现在白垩纪，并迅速发展壮大。在白垩纪晚期的时候，被子植物已经在世界大部分地区落叶生根。6600万年前的浩劫毁灭了许多生物，被子植物也受到了波及。但在新生代到来后，幸存的被子植物很快恢复生机，遍布地球。

无处不在的被子植物

　　在人类的食物中，绝大多数的蔬菜都是被子植物；牛、羊、猪、马等牲畜也需要被子植物作为饲料；甚至连人们身上的衣服，追根究底也都源于被子植物。

新生代		
古近纪	古新世（6600万～5600万年前）	
	始新世（5600万～3390万年前）	
	渐新世（3390万～2300万年前）	
新近纪	中新世（2300万～530万年前）	
	上新世（530万～258万年前）	
第四纪	更新世（258万～1万年前）	
	全新世（约1万年前至今）	

哺乳动物的进化

　　哺乳动物由一群似哺乳爬行动物演化而来。这些爬行动物咬合有力，并有复杂的牙齿，可身长却只有几厘米。恐龙主宰地球后，哺乳动物体形依然矮小。但在约 6600 万前，全球气候剧变，使得当时大部分动物物种灭绝，其中包括恐龙。此时，幸存的哺乳动物才开始发展、演化，产生了今日无比繁多的物种。

长棘龙眼眶后方的头骨上有特殊的孔洞结构，其强健有力的颌部肌肉从中穿过，从而赋予它极强的咬合力。这一特征在人类身上也能找到。

最初演化

　　哺乳类最初是由一群叫作盘龙类的爬行动物演化而来的。盘龙类在恐龙出现前就已经生活在地球上，并曾是最大的陆地动物。盘龙类动物牙齿类型多样，拥有致命的咬合力。

麝（shè）足兽，植食性动物。可能集群生活，抵御掠食者的袭击。

哺乳类的祖先

　　二叠纪时期，盘龙类演化成更接近哺乳类的动物——兽孔类。兽孔类身体挺拔、四肢垂直于地面，能更加轻松地奔跑和呼吸。它们在恐龙出现后数量锐减，但一小群小型兽孔类幸存下来并最终演化为哺乳类。

巨带齿兽，身长 10 厘米，很可能像现生鼠类那样攀爬、挖洞和奔跑。

早期哺乳类

　　早期的哺乳类毛茸茸的、袖珍的体形使其看起来很像老鼠。它们和恐龙生活在一起，常昼伏夜出躲避恐龙，同时也追捕一些猎物，如昆虫、蠕虫、蜗牛和其他小型动物。它们的嗅觉和听觉十分发达，但视力较差。它们栖息在地下的洞穴中或树林间。

哺乳动物进化时间表／百万年

三叠纪	侏罗纪	白垩纪		古近纪
251	200	145	66	56
三叠纪，哺乳动物首次出现。爬行动物种类繁多。	侏罗纪，鸟类首次出现。恐龙的全盛期。	白垩纪，哺乳动物和鸟类开始呈现多样化。白垩纪末期恐龙灭绝。	古新世，哺乳动物呈现多样化，但与现存的物种并不相同。	始新世，最早的灵类动物和蝙蝠出现，早期的马出现。

有 2 万年历史的巨河狸牙齿化石。

巨河狸，高 3 米，是有史以来最大的啮齿类之一。

小古猫，大小与黄鼠狼差不多，居住在高高的树上，猎杀小型动物。

剑齿虎，肉食性动物，能直接扑倒猎物并撕开它们的咽喉，但不能直接咬穿动物的脖子。

双门齿兽，是和犀牛体形差不多的素食主义者。育儿袋开口向后。

繁衍途径的变化

最早的哺乳类以卵生的方式来繁衍后代，但从白垩纪起，哺乳类就演化出了新的繁殖途径。有袋类及其亲戚直接分娩，细小的幼崽在母体外的育儿袋中发育完成。今天，现在的有袋类大多居住在澳大利亚，但在过去，它们的足迹曾遍及南美洲和南极洲。

啮齿类动物

啮齿类动物最早出现于距今约 6500 万年前的古新世，并繁衍至今，是如今很常见的动物，大鼠、小鼠和松鼠等，早在史前就已经遍布天下了。尽管大部分啮齿类动物都是体形娇小的植食性动物，但某些啮齿类也拥有令人望而生畏的巨大身形。

犬形类动物

犬形类动物最早出现在约 5500 万年前的始新世早期，并存活至今。犬形动物是肉食性哺乳类的大家族，包括狗、熊、海豹、海狮等动物，它们都是由类似熊的祖先演化而来的。早期的犬形动物是一种攀爬动物，当它们开始转移到地面生活后，才逐渐演化出了类似狗的形态。

猫科动物

最早的类猫科哺乳类出现在距今约 3500 万年前的古近纪晚期，后逐渐演化成现生的猫科动物。史前猫科动物生性凶猛，体形更为巨大。猫科动物和鬣（liè）狗都来自共同的祖先，这两类动物在早期同时具备彼此的特性。

新近纪			第四纪	
.9	23	5.3	2.58	0.01
新世，最早的齿象出现。	中新世，出现类人猿；更现代的植食性动物也大量出现。	上新世，出现最早的人类。	更新世，随着冰盖的后退，冰川时代的哺乳动物大量出现。	全新世，现代哺乳动物出现。在各大洲，人的数量增加。

古近纪概述

古近纪是新生代的第一个地质年代，大约从 6600 万年前开始，到 2300 万年前结束。它包括古新世、始新世和渐新世。古近纪之初，恐龙灭绝，生物圈留下了许多空白，而哺乳动物迅速繁衍进化，填补了空缺。因此，哺乳动物的时代开始了。

陆地上的"霸权"争夺

恐龙的灭绝，让陆地上没有了大型动物，一时间，生物圈出现了巨大的缺口，许多非恐龙类的爬行动物很快趁机发展起来，比如蜥蜴、鳄鱼、蛇类等。古近纪温暖湿润的气候让两栖动物也慢慢壮大，同爬行动物争夺起陆地"霸权"。但这些动物谁都没有像恐龙一样成功统治陆地。

草食和肉食

就在爬行动物和两栖动物忙着"争权夺利"的时候，哺乳类正在悄悄地发展壮大。随着时间的推移，它们从体形小、种类单一的早期哺乳类，迅速进化出各种新的类型。很快，大型草食性哺乳类出现，填补了恐龙留下的生态缺口；而大型肉食性动物的空白则是被一些巨大的、失去飞行能力的鸟类填补。等到古近纪晚期，哺乳动物的足迹已经遍布陆地，甚至出现了一些和现代动物相近的类别。

飞向天空

在古近纪，除了不会飞行、生活在地面的大型鸟类外，天空中还有不少飞鸟的身影。在这个时期,世界上主要的鸟类家族,像原始的鹰隼（sǔn）等,基本都已经出现。而蝙蝠作为第一种飞向天空的哺乳动物，也出现在地球上。

水下世界

白垩纪末期的灾难不光灭绝了恐龙，也让海洋的主宰沧龙成为了历史。古近纪的时候，一部分陆生哺乳动物进入了海洋，逐渐繁衍分化，填补了海洋大型掠食动物的空白，比如鲸鱼。早期的鲸鱼还留有四肢，既能上岸行走，也可以入水游泳。而在后期，鲸鱼的前肢演化成双鳍，后肢消失，身体变成了流线型，彻底生活在水中。

古新世鱼类

古新世时期的鱼类与过去相比，外表越来越接近现代鱼类。除此之外，并没有太过明显的变化。在这期间，鱼类中的许多古老物种灭绝了，同时也新生了不少种类。

双棱鲱

生活时期：古新世至始新世（距今5500万～3400万年前）

栖息地：河流、湖泊

食物：其他小型鱼类

化石发现地：美国、黎巴嫩、叙利亚、南美洲

双棱鲱的形象和现代的鲱鱼有些相像，是鲱鱼的亲戚。从化石上可以看出，双棱鲱的嘴唇向上翻起，拥有在水面上捕食的能力，长有单独的背鳍，尾巴的形状也很特殊，"V"形的尾巴看上去和剪刀差不多。

化石显示，在双棱鲱的嘴部还保留着另外一条鱼类的化石，疑似艾氏鱼。

家族档案

主要特征

🐾 皮肤长有鳞片，外表接近现代鱼类；

🐾 依靠背鳍运动，具有脊椎；

🐾 多以浮游生物为食。

生活简介

古新世时期，鱼类的分布非常广泛，海洋、湖泊、河流、江水等，几乎只要是有水的地方，就能看到它们的身影。

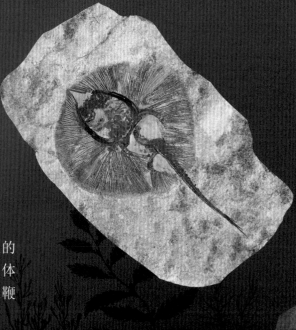

环棘鱼

生活时期：古新世（距今5400万～3800万年前）

栖息地：淡水池塘和湖泊

食物：无脊椎动物

化石发现地：美国

环棘鱼是早已灭绝的古新世鱼类之一。从出土的化石来看，环棘鱼长着尖尖的嘴巴，身体扁平，身体周围环绕着近圆形的胸鳍，身后长有一根细长好像鞭子似的尾巴。这些都是它的主要特征。

古新世哺乳动物

古新世时期，在恐龙等消失后，原始的哺乳动物开始了新的演化。它们的体形比早期哺乳类有所增大，种类不再是单一的"大老鼠"，出现了新的种群，如有蹄类等。

更猴

生活时期：古新世（距今 6500 万～6000 万年前）
栖息地：林地
食物：植物
化石发现地：亚洲、欧洲、北美洲

更猴的外表和现代的松鼠有点像。它的眼睛长在头部两侧，可以观察周围环境；吻部很长，门牙和老鼠一样，善于啃咬东西；尾巴又大又长，毛茸茸的。更猴是目前已知最早的灵长类动物之一。

树上的生活

更猴有四只爪子，无法弯曲，很不灵活，在陆地上行走的速度要远比在树上快。但它大部分时间都喜欢待在树上，以水果和树叶为食。

家族档案

主要特征

🐾 全身长有毛发或毛皮；

🐾 体形普遍不大；

🐾 多以植物为食。

生活简介

古新世的哺乳动物一般生活在森林或林地中。自然环境的优越以及缺少掠食者的威胁，让哺乳类进入快速发展的阶段，在世界范围内繁衍生息。

长鼻跳鼠

生活时期：古新世（距今约 6000 万年前）

栖息地：森林

食物：肉类

化石发现地：德国

第一具长鼻跳鼠的完整化石出土于德国。化石显示，长鼻跳鼠的吻部很长，前肢短小，后肢既粗又长，尾巴健壮有力，这副样子活像一只缩小许多倍的袋鼠。如果遇见了掠食者，长鼻跳鼠也会像袋鼠一样，用力蹬着后肢，快速蹦跳着逃命。

长鼻跳鼠的灭绝

在大约 4000 万年前的始新世中、晚期，地球的气候慢慢变冷，原本郁郁葱葱的热带森林逐渐消失。而长鼻跳鼠因为无法适应环境的改变，最终灭绝了。

全棱兽

生活时期：古新世（距今 6300 万～5700 万年前）

栖息地：森林

食物：植物

化石发现地：美国

全棱兽的体形大约和绵羊差不多大，模样和身姿看起来非常像凶猛的猫科动物，但特别的是，它却只吃树叶、蘑菇、果实等。全棱兽的脚上有五个脚趾，而且还有类似有蹄动物的脚关节和脚骨。

笨脚兽

生活时期：古新世至始新世（距今 6000 万～5000 万年前）

栖息地：沼泽、林地

食性：草食

化石发现地：北美洲

笨脚兽可以称得上是一种身形魁梧的家伙。它的四肢相当粗壮，如同四根圆圆的柱子。尾椎骨及尾巴十分发达，可能会支撑身体取食高处的植物叶子。最特别的就是它那小小的脑袋了，看起来与笨重肥大的身体极不协调。

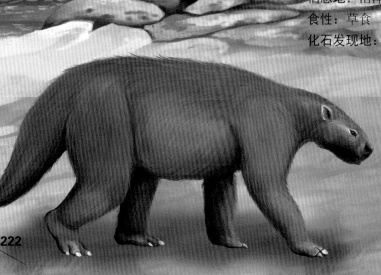

Part 9

恐龙之后的新世界

冠齿兽

生活时期：古新世至始新世（距今5700万～4600万年）

栖息地：沼泽

食物：植物

化石发现地：北美洲、亚洲

  冠齿兽有着河马一样笨重的身体，行动十分缓慢。古生物学家推测，它可能生活在沼泽地附近，靠锋利的牙齿挖掘水里的植物为生。

提坦兽

生活时期：古新世（距今5900万～5600万年前）

栖息地：沼泽附近

食物：植物

化石发现地：北美洲

  提坦兽是古新世早期的代表性动物之一。它与全棱兽一样，每个脚上长有五根脚趾。虽然一对大大的犬齿让提坦兽看起来有些凶恶，但它们却是食草动物家族的一员。

始祖马

生活时期：古新世（距今约 6000 万年前）
栖息地：森林
食物：树叶、水果、坚果
化石发现地：北美洲、欧洲

始祖马又叫始马，曾经广泛分布于北半球一带。它的头部很长，长着 44 颗适合啃食植物的低冠牙齿，体形非常娇小，大约只有一只狐狸那么大。始祖马的前肢有四趾，而后肢则有三趾，被认为是已知最古老的奇蹄目动物。

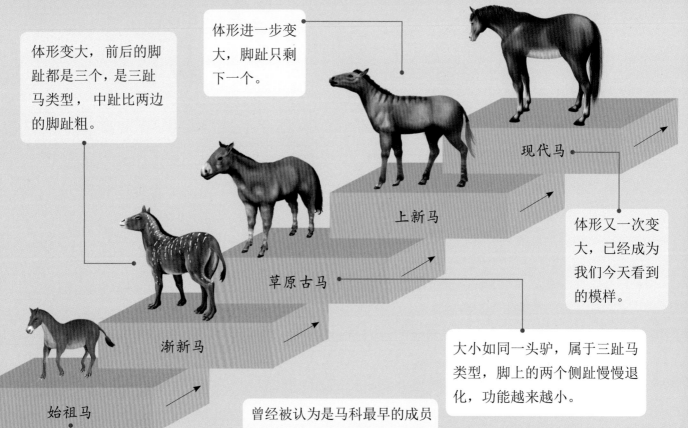

体形变大，前后的脚趾都是三个，是三趾马类型，中趾比两边的脚趾粗。

体形进一步变大，脚趾只剩下一个。

现代马

上新马

草原古马

渐新马

体形又一次变大，已经成为我们今天看到的模样。

大小如同一头驴，属于三趾马类型，脚上的两个侧趾慢慢退化，功能越来越小。

始祖马

曾经被认为是马科最早的成员之一，只有一条狗那么大，前肢四趾，后肢三趾。

古中兽

生活时期：古新世（距今约 6300 万年前）

栖息地：森林

食物：水果、昆虫等

化石发现地：北美洲

　　古中兽是原始的有蹄类成员之一，它的外形有些像现代的浣熊，身体轻巧，行动敏捷，能够很轻松地爬上树木，然后用细长有力的尾巴抓住树干，防止自己掉下来。

远古海狸兽

生活时期：古新世（距今约 6600 万年前）

栖息地：森林

食物：以植物为主

化石发现地：美国

　　白垩纪末期，恐怖的灾难灭绝了恐龙，毁灭了地球大部分生物，只有一小部分幸存了下来，远古海狸兽就是其中一种。它的外表和现在的海狸区别不大，全身覆盖皮毛，长着锋利的牙齿，可以磨碎较硬的植物进食。科学家们认为，从白垩纪大灭绝中幸存下来的远古海狸兽，生命力顽强得可怕。

225

鹦鹉兽

生活时期：古新世（距今约 5900 万年前）
栖息地：林地
食物：植物的枝叶和根茎、蚂蚁、蠕虫
化石发现地：北美洲

鹦鹉兽是古新世体形较大的一种哺乳类，它的头部较大，脖颈与四肢虽然短小，但粗壮有力，肌肉发达。此外，鹦鹉兽从头到尾的长度超过了 1 米，体重更是达到了 50 千克，这让它整体看上去就像是一只畸形、肥硕的大老鼠。

掘土能手

鹦鹉兽是优秀的挖掘者，它的前肢发达有力，趾爪分得很开，十分修长，就像两把小铲子一样。鹦鹉兽就是靠着它们刨土，迅速掘出适合居住的地洞。鹦鹉兽掘土的行为和现代鼹鼠非常相像。

软食中兽

生活时期：古新世晚期至始新世早期（距今约 5600 万年前）
栖息地：沼泽、水边
食物：鱼类
化石发现地：美国、中国

软食中兽是起源于古新世晚期的一种哺乳类。它的头部不大，吻部尖细，身体修长，体表长有浓密的毛发，一条长长的尾巴拖在身后，外貌和现代的水獭很像。古生物学家在研究软食中兽的头骨与牙齿化石时，发现它与巴基鲸有相似之处，于是认为软食中兽和原始鲸类有一定关联。

古新世鸟类

古新世处于鸟类的早期发展阶段。在这个时期，除了能够飞向天空的鸟类之外，还出现了一些失去飞行能力的鸟类。这些鸟类一般身体笨重，翅膀退化严重。

家族档案

主要特征

🐾 全身被羽；

🐾 体形很大；

🐾 一些品种翅膀退化，丧失飞行能力。

生活简介

那些丧失飞行能力的鸟类大多生活在陆地，身体巨大、喜欢肉食的它们很快代替恐龙，站在了食物链顶端，成为新的陆地霸主。

普瑞斯比鸟

生活时期：古新世（距今约 6200 万年前）

栖息地：湖滨

食物：水生植物、浮游生物

化石发现地：欧洲、北美洲、南美洲

普瑞斯比鸟的外表就像一只高大的鸭子，所以也被称为古鸭。普瑞斯比鸟的脖子很长，一双腿又细又长，脚掌很大，上面长着蹼。它们平时可能聚居在一起，然后蹚入水中，低下头用喙嘴探入水里觅食。普瑞斯比鸟的适应能力很强，在远古生存了很多年，是当时最成功的鸟类之一。

始新世鱼类

在始新世温暖的大环境下，生活在水中的鱼类得到进一步发展。和古新世相比，始新世的鱼类外形更加现代、进步，种群也更加丰富。

普瑞斯加加鱼

生活时期： 始新世（距今约 5000 万年前）

栖息地： 淡水湖泊

食物： 蜗牛、甲壳类动物

化石发现地： 北美洲

从外表看，普瑞斯加加鱼和现代鱼类差别不大。它有着微微上翻、向外突出的下颚，嘴里长满纤细的牙齿，椭圆形的身体上生有尖锐的针刺，这是它保护自己的武器。普瑞斯加加鱼主要以甲壳类动物为食，尖利的牙齿让它可以轻松咬碎猎物的硬壳。

家族档案

主要特征

🐾 外形更加现代；

🐾 种类多，数量大；

🐾 部分种类有牙齿，身体里有脊椎存在。

生活简介

从发现的始新世鱼类化石来看，它们除了保留一些原始特征之外，已经和今天的鱼类差别不大了。

艾氏鱼

生活时期： 始新世（距今约 5500 万年前）

栖息地： 河流

食物： 昆虫、浮游生物

化石发现地： 美国

艾氏鱼的脑袋不大，下颌微微内敛，不算突出，体形和一般的现代鱼差不多，也呈纺锤形。科学家们在许多体形较大的鱼类化石中，都发现了艾氏鱼的残骸。说明在当时艾氏鱼可能是一种集群生活的鱼类。

一州之宝

在美国怀俄明州，科学家发现了数以百计保存完好的艾氏鱼化石，轰动世界。1987 年，怀俄明州政府为了纪念这次发现，把艾氏鱼化石定为州化石。

始新世哺乳动物

　　哺乳动物在进入始新世后，迎来了一个大爆发阶段。它们的体形和古新世时期相比，有了明显增长，种类也变得更加丰富，原始的啮齿类、灵长类等动物纷纷出现。最早的蝙蝠和鲸鱼都是在这时出现的。

小古猫

生活时期：始新世（距今约 5500 万年前）

栖息地：森林

食物：其他哺乳动物、鸟类、爬行动物

化石发现地：北美洲、欧洲

　　小古猫的外形和黄鼠狼有些像，头部扁平，身体细长，四肢相对较短，其中后肢比前肢长，爪子可以来回伸缩，灵活自如，十分适合攀爬树木，身后还有一条毛茸茸的长尾巴。小古猫的名字里虽然有一个"猫"字，但它并不属于猫科动物，它的骨盆形状与结构有些像犬类的特征，因此科学家们推测小古猫可能是现代猫科与犬科的共同祖先。

家族档案

主要特征

🐾 四肢相对细长；

🐾 有抓取物体的能力；

🐾 身体表面长有皮毛。

生活简介

　　始新世哺乳动物的体形不再像早期哺乳类那样小巧，也出现了许多大型哺乳类。由于牙齿不同，它们的食性也不一样。有的一生只吃植物，有的离不开肉食，还有的不挑食，植物与肉类都可以。

伊神蝠

生活时期：始新世（距今 5500 万～5000 万年前）

栖息地：林地

食物：昆虫

化石发现地：美国

在始新世，出现了会飞行的哺乳动物——伊神蝠。它的外表和现代的蝙蝠没太大差别，但还是保留有一些原始特征。伊神蝠的双翼顶端的指上长着钩爪，还有一条细长的尾巴，不与后肢相连。伊神蝠昼伏夜出，科学家推测这是因为它要躲避白天捕食的猛禽类。

回声定位

伊神蝠的化石显示，它们的耳朵结构很复杂，这证明它们和现代蝙蝠一样，能够依靠回声定位在黑夜中"看到"猎物。

源于神话的名字

伊神蝠的名字来源于希腊神话中的伊卡洛斯。古希腊艺术家代达罗斯和儿子伊卡洛斯曾经为了逃离孤岛，用羽毛和蜡做了两对翅膀，飞向天空。但伊卡洛斯得意忘形，离太阳太近，结果高温融化了蜡，翅膀散落，他便掉入海中淹死了。

始祖象

生活时期: 始新世至渐新世(距今3700万~3000万年前)
栖息地: 河流、沼泽
食物: 植物
化石发现地: 埃及

　　始祖象并不是现代大象的祖先,它没有长长的鼻子,耳朵也不大,光看外表,可能更接近河马一些。人们之所以称呼它为始祖象,是因为它化石的某些特征与现代大象有些相似。始祖象的眼睛与耳朵跟河马一样,都长在头上较高的地方。这样即便它躲在水里的时候,也能用眼睛和耳朵去观察水面上的情况。

生活方式

　　始祖象非常喜欢在河流里泡澡,或者在沼泽里打滚,它经常靠这种方式来打发时间。它的食谱和水生动物很像,之所以没有彻底成为水生动物,主要是因为始祖象沉重的身体还需要四肢来支撑,用脚行走。

不耐磨的牙齿

　　始祖象的牙齿构造很原始,臼齿上只有2道横脊,也没有丰富的褶皱。这样的牙齿并不耐磨,因此,它只能吃柔软的植物叶子。幸亏始祖象生活的地方内陆河湖很多,食物也很丰富。

北狐猴

生活时期：始新世（距今约 5400 万年前）

栖息地：林地

食物：树叶

化石发现地：北美、欧洲

　　北狐猴的化石最早发现于美国，它是一种生活在树上的哺乳动物。北狐猴的外表和现代狐猴非常相似，但它的体形要更加健壮结实。北狐猴的视觉具有立体感，能准确判断距离，手脚都有抓握的能力，尾巴也很长，这些特点可以让它很好地在树上生活。

高帝纳猴

生活时期：始新世（距今约 4900 万年前）

栖息地：林地

食物：昆虫、果实等

化石发现地：德国

　　高帝纳猴是早期灵长类之一，它的外貌类似现代的狐猴，拥有很大的眼窝，这显示它有很好的视力，即便在夜晚也可以自由活动，不用担心会因为看不清楚而撞到树上。高帝纳猴的四肢修长，很擅长在树干间跳跃，沿着树枝奔跑，然后不断寻找食物来填饱肚子。

Part9

恐龙之后的新世界

中华曙猿

生活时期：始新世（距今约 4500 万年前）

栖息地：森林

食物：植物

化石发现地：中国

　　中华曙猿是目前已知最早的高等灵长类动物之一，它的体形非常小，大约只比老鼠大一点，还不及成年人的一只手掌大。中华曙猿全身毛茸茸的，尾巴很长，指爪发达，善于爬树，看上去和现代的猫差不多。

起源

　　科学家发现的中华曙猿化石，只有一块右下颌骨残段以及一些零散的牙齿。这些化石的年代比国外的高等灵长类早了将近 1000 万年，它向人们暗示，高等灵长类很有可能起源于中国。

达尔文麦赛尔猴

生活时期：始新世（距今约 4700 万年前）

栖息地：森林

食物：水果、植物

化石发现地：德国

　　为了纪念著名的"进化论之父"——达尔文，科学家把一副代表人类进化史缺失环节的重要化石命名为"达尔文麦赛尔猴"，它还有一个名字叫"艾达"。从化石来看，艾达长约 60 厘米，其中尾巴的长度占了一半还多。艾达的脸比较尖，有一双大眼睛，它的身体很瘦，四肢与现代的猴子相比显得很短。艾达的四肢长有五趾，能够对握，因此能轻松地攀爬树木，摘取食物。

艾达的死亡

　　科学家曾经用 X 光扫描过艾达的身体，发现在它的右侧手腕上有明显的受伤痕迹，于是认为这很可能就是导致艾达丧命的原因。他们假设有一天，艾达在树上攀爬，结果因为手腕受伤失足掉入水中，死亡后沉入水底便形成了化石。

原蹄兽

生活时期：始新世（距今 5500 万～4500 万年前）

栖息地：草原、开阔的林地

食物：草

化石发现地：欧洲、北美洲

　　原蹄兽的头部较小，略呈方形的牙齿适合研磨、咀嚼坚韧的植物。它们的后背向上弓起，尾巴长而有力，骨骼轻盈，四肢修长有力，每只脚都生有五趾，中间三趾负责承重。古生物学家们推测，原蹄兽的皮毛上很可能有着条状或点状的花纹，这种特殊的毛色能让它很好地隐藏自己，躲避掠食者的捕杀。

原古马

生活时期：始新世（距今约 5200 万年前）

栖息地：森林

食物：植物

化石发现地：德国

　　原古马是现在已知最早的马类之一，它的体形很小，居住在茂盛的森林中，主要以树叶为食。从出土的化石来看，它的四肢都不算长，但它擅长跳跃。在原古马的三个脚趾中，中趾最粗壮，它负责承受身体的重量。

尤因它兽

生活时期：始新世（距今约 4500 万年前）
栖息地：平原
食物：植物
化石发现地：亚洲、北美洲

尤因它兽的外形第一眼看上去和现代犀牛很像，但实际上它和犀牛之间并没有什么关联。尤因它兽身体笨重，脑袋上长着奇怪的角，吻部还有一对尖长的獠牙，这些都是它的武器。别看尤因它兽面目凶恶，长相狰狞，其实它是一种性情温顺的草食性动物。

六个角

在尤因它兽的脑袋上长着六个奇怪的角，上面还包裹着一层皮肤。科学家猜测这些角很可能是雄性之间相互争斗的工具，也有可能是吸引异性的装饰。

走路方式

尤因它兽的走路方式和今天的大象有些相似。它的脚趾、前肢和后掌骨都很短，走路只能用脚趾，因此它并不擅长跑步，只能慢慢前行。

安氏中兽

生活时期：始新世（距今约 4500 万年前）
栖息地：平原
食物：肉类
化石发现地：蒙古国

　　安氏中兽的全名叫蒙古安氏中兽，它的脑袋扁平，吻部狭长，牙齿锋利，能够把嘴巴张得很大；四肢很短，身体却很长，尾巴细长有力，脚上有蹄。如果光看外表的话，安氏中兽有些像现代的狼，不过它的身体要远比狼强壮，是地球上曾出现过的最大的陆生哺乳动物之一。

改变名字

　　最近，科学家们经过仔细研究发现，安氏中兽臼齿的特征与中兽类存在本质的不同，因此它不再是中兽类的成员，名字变成了安氏兽。

巨角犀

生活时期：始新世（距今约 3800 万年前）
栖息地：平原
食物：植物
化石发现地：北美洲、亚洲

　　巨角犀的名字来源于它鼻端上两个呈"Y"形的巨大钝角。它的体形和身体结构都和现代犀牛很接近。科学家推测，雄性巨角犀在求偶的时候，会用鼻端的两角相互角抵，以这种方式来吸引异性。

"雷中之兽"

　　人们在刚发现巨角犀化石的时候，还以为自己找到了神兽的骨骼。他们认为这些神兽会拉着战车穿越天空带来雷雨，因此它被称为"雷中之兽"。

古巨猪

生活时期： 始新世（距今 3800 万～ 2480 万年前）

栖息地： 平原

食物： 植物、小动物等

化石发现地： 美国

　　古巨猪的外表和现代的野猪很像，体形差不多有一头牛大小。它有一颗大脑袋，牙齿巨大锐利，可以轻易咬碎骨头，后颈部与背部高高拱起，像是顶着一个大包。古巨猪的蹄子没办法扑倒猎物，所以它大部分时间还是以植物为主食。

高齿羊

生活时期： 始新世（距今约 3800 万年前）

栖息地： 林地、草原

食物： 叶子

化石发现地： 北美洲

　　高齿羊的体形和现代羊差不多，看上去有些像马或者鹿。它的脑袋不大，脖子很短，牙齿很适合啃咬植物；身体较长，四肢略短，经常集群聚在一起，在史前北美的陆地上游荡。

埃及重脚兽

生活时期：始新世（距今约 3700 万年前）
栖息地：森林、河岸
食物：植物
化石发现地：非洲

埃及重脚兽是一种巨型草食性哺乳动物，和大象有着亲缘关系。它的外表形态、大小接近现代的犀牛，最显眼的特征就要数它那一对从鼻端延伸出来的大角，看上去和刀子一样。而在埃及重脚兽的头顶，还有一对不起眼的小角，长在大角后面。由于埃及重脚兽身躯健壮，力量强大，所以在当时很少有动物能威胁到它。

脆弱的巨角

埃及重脚兽鼻端的两只巨角貌似是很强大的武器，让它看起来十分凶悍。实际上，两只巨角又轻又脆，是由非常薄的骨骼构成，根本经不起实战。

名字来源

多年前，科学家们在古埃及托勒密王朝的皇后宫殿废墟附近，发现了一种从未见过的史前生物化石，它的完整性让所有科学家感到震惊。为了纪念这位皇后——阿尔西诺伊二世，科学家将其命名为埃及重脚兽。

恐龙之后的新世界
Part9

完齿兽

生活时期：始新世（距今约 3700 万年前）
栖息地：平原
食性：杂食
化石发现地：蒙古国、北美洲

　　完齿兽的名字很多，比如全齿兽、完齿猪等，是一种和猪比较像的哺乳动物。但特别的是，它的颚部生长着像疣的瘤状物。完齿兽的大小和牛差不多，脑袋很大，强壮有力，能毫不费力地撞碎其他动物的骨头。

从不挑食的完齿兽

　　完齿兽是一种杂食性哺乳动物。对于食物它从不挑剔，不管是新鲜美味的水果，还是臭气熏天的腐肉，它都能津津有味地吃下去，基本上属于那种"走到哪里吃哪里，遇见什么吃什么"的类型。

"从地狱来的猪"

　　完齿兽的性格非常暴躁，不仅对猎物凶残，即便是自己的同族，它也毫不留情。科学家们已经在许多完齿兽的化石上发现了同类留下的伤痕。因为完齿兽这种残暴的习性，人们把它称为"从地狱来的猪"。

焦兽

生活时期：始新世（距今约 3500 万年前）
栖息地：草原
食物：植物
化石发现地：南美洲

　　虽然焦兽有一个长鼻子，但它和真正的长鼻类还差得远。它的牙齿很特殊，磨损面集中在齿脊顶部，在齿脊顶部磨损后会形成结构并不复杂的咀嚼面，只能进行切割，缺少研磨的能力，因此它只能吃一些柔软的植物，像树叶、灌木等。

"火中之兽"

　　焦兽还有一个"火中之兽"的外号，听起来是不是威风凛凛，气势磅礴啊？实际上，这是因为焦兽的化石是在火山灰的沉积物里被人们发现的，所以才起了这么个名字。

始剑齿虎

生活时期：始新世（距今约 3700 万年前）

栖息地：平原

食物：肉类

化石发现地：美国、法国

　　始剑齿虎最醒目的特征就是它那外露的一对上犬齿，又长又弯，十分锋利；而它的下犬齿已经退化成类似门牙的结构。始剑齿虎的嘴巴可以张得很大，大约能张开 90 度以上，这使得它能非常高效地利用锋利的剑齿给予猎物致命一击。始剑齿虎有大有小，体形与现代豹子差不多，最小的只比家猫大一些。

始剑齿虎与剑齿虎

　　巨大、外露的上犬齿是剑齿虎最明显的特征。始剑齿虎虽然也有如同短剑一般的上犬齿，但它并不是真正意义上的"剑齿虎"，更不是剑齿虎的祖先。剑齿虎属于猫科动物，而始剑齿虎却是猎猫科动物。

巨鬣齿兽

生活时期：始新世（距今约 4100 万年前）

栖息地：草原

食物：肉类

化石发现地：蒙古国

　　巨鬣齿兽是当时最成功的猎手之一。它的嗅觉非常敏锐，能察觉到远方猎物的气味；它锋利的牙齿与颌骨结构构成了一把"大剪刀"，强大的咬合力足以让它撕碎任何猎物；而修长有力的四肢则让它奔跑如风，适合各种快速突袭与伏击。于是很少有猎物能逃脱巨鬣齿兽的捕杀。

犬熊 ////

生活时期： 始新世（距今约 3700 万年）

栖息地： 平原

食性： 杂食

化石发现地： 德国、法国、西班牙、北美洲

    犬熊是早已灭绝的史前哺乳动物，长得像狗和熊的综合体。它的身体粗壮结实，这点与熊很像；而它的牙齿交错纵横，又和犬类很接近。犬熊凭借自己强壮的身躯，高大的体形，成为了当时一种非常成功的大型捕食动物。科学家分析，它可能和棕熊一样，食谱里既有植物，也有动物。

裂肉兽

生活时期： 始新世（距今约 3500 万年前）

栖息地： 草原

食性： 肉食、腐食

化石发现地： 中国

    由于目前只发现了裂肉兽头部的部分化石，所以人们对裂肉兽的了解并不算多。科学家曾经对裂肉兽进行过还原，发现它很像大了一圈的犬熊。裂肉兽的颌骨粗厚，宽大有力，牙齿锋利，能在捕食的时候轻松咬碎猎物的骨头。

Part9
恐龙之后的新世界

陆行鲸

生活时期：始新世（距今约 5000 万年前）
栖息地：浅水、陆地
食性：肉食
化石发现地：巴基斯坦

　　陆行鲸的外表和鳄鱼很像，是一种早期的鲸鱼。但和现代完全依赖水的鲸鱼不同，它是一种半水生的哺乳动物，依旧保留有四肢，这使得它不仅可以在水中游泳，也能在陆地上行走，因此它还有一个别名叫"游走鲸"。

捕食的陆行鲸

　　陆行鲸捕食方式和现代鳄鱼差不多，主要采取伏击的方式。发现猎物后，它会安静地守在一旁，等待猎物放松警惕，然后突然张开大嘴，猛地咬住猎物，把对方拖下水溺毙，然后美美地饱餐一顿。

龙王鲸

生活时期：始新世（距今约 4000 万年前）
栖息地：海洋
食物：鱼类
化石发现地：美国、埃及、巴基斯坦

　　龙王鲸是目前人们已知的原始鲸类之一。它体形巨大，身体狭长，成年后的体长可以达到 18 米，与其说它是鲸鱼，倒不如说更像海蛇一些。为了维持庞大身体的正常行动，龙王鲸需要吃大量的食物，所以它常常在浅海游来游去，用自己短而锋利的牙齿，捕食猎物。

"帝王蜥蜴"

　　人们在刚刚发现龙王鲸化石的时候，见它的外貌特征与海蛇相似，以为它是巨大的海生爬行类，于是把它称为"帝王蜥蜴"。直到多年后，古生物学家才确定它是鲸类。

可怕的咬合力

　　科学家曾经对龙王鲸的咬合力做过评估，最后得出的结论是：龙王鲸巨大的咬合力足以把一个超过 1 吨重的动物的头骨咬成碎片！

始新世鸟类

始新世是鸟类发展的一个重要时期，许多现生鸟类都在这时第一次出现。但这个时期最吸引人目光的，还要数那些生活在陆地上、丧失飞行能力的大型鸟类。

加斯顿鸟

生活时期：始新世（距今约 5500 万年前）

栖息地：森林

食性：杂食。肉类、植物、腐肉都有可能

化石发现地：欧洲、北美洲

加斯顿鸟是一种不会飞行的大型鸟类，它的个头比一个成年人还要高。加斯顿鸟的喙特别大，整体呈钩状，全身长满羽毛，身躯健壮，长长的双腿满是发达的肌肉，看上去极富力量感。它生活在古近纪中期茂盛的森林里，古生物学家推测，它应该是阴险狡诈的伏击者，耐心等待猎物出现，然后一击必杀。

家族档案

主要特征

🐾 身体上下长满羽毛；

🐾 体形巨大，身高腿长；

🐾 翅膀退化；

🐾 大多喜欢肉食。

生活简介

在陆地生活的巨大鸟类是始新世的特色之一。巨大的体形与强壮的身体让它们在始新世的陆地上很难遇到对手。

鸟喙疑云

古生物学家在发现加斯顿鸟的化石后，对它巨大鸟喙的作用有过很多猜测。有人认为它的鸟喙特殊，很适合咬碎种子、撕下植物叶子；但也有人认为加斯顿鸟的喙应该是用来敲碎猎物骨骼的。这些猜测各有各的道理，至今也无法断定。

渐新世鱼类

渐新世的鱼类跟以前相比，除了种类增加，数量变多，外形与现代鱼类非常相似外，再无其他明显的发展与变化。

家族档案

主要特征

🐾 形态与现在的鱼类相似；

🐾 有鱼鳍，帮助游泳。

生活简介

到了渐新世，鱼类身上比较显眼的原始特征慢慢消失，进一步接近今天的鱼类。

巨齿鲨

生活时期：渐新世（距今约 2500 万年前）

栖息地：海洋

食物：海洋动物

化石发现地：除了澳大利亚和南极洲，各大洲均有发现

一听巨齿鲨的名字，就知道它的牙齿非常巨大。它随便一颗牙齿化石，就相当于正常成年人的一只手掌大小。巨齿鲨的牙齿呈三角形，边缘有着锋利的锯齿，看上去就像大白鲨粗壮牙齿的放大版本。虽然没有找到巨齿鲨完整的骨骼化石，但科学家根据牙齿推测出，它的身体呈流线型，长度大约能有20 米，算得上当时的海中巨无霸。

鲸鱼杀手

巨齿鲨凭借庞大的体形以及锋利的巨齿，可以捕食大部分海洋生物，即便是早期的鲸类也在它的食谱之中。在世界各地出土的许多古近纪鲸鱼化石上，都能看到巨齿鲨留下的恐怖伤痕，堪称"鲸鱼杀手"。

比霸王龙还强的力量

科学家们曾经根据霸王龙的颌骨化石，计算出它的撕咬力量达到了 20 吨。这样的数字比现代的大白鲨要强很多。但经过估测，巨齿鲨的撕咬力量平均可达 28 吨，最大能达到恐怖的 36 吨！因此人们称它是"地球史上最强悍的生物之一"。

灭绝的原因

在直立人刚刚出现的时候，称霸海洋的巨齿鲨灭绝了。古生物学家们认为，巨齿鲨之所以会灭绝，很可能是由于当时气候剧变，海水变冷，使巨齿鲨不适应；再加上巨齿鲨的主要食物远离了捕食范围，令它因食物严重缺乏而灭绝。

竞争对手

巨齿鲨虽然强大，没有天敌，但在广阔无垠的海洋中，它也有着像梅尔维尔鲸、长鲛鲸和原鲛鲸之类的竞争对手。

渐新世哺乳动物

与始新世相比，渐新世哺乳动物种类的增长并不明显，这说明哺乳类已经进入了一个平缓发展的阶段。今天人们看到的许多物种在当时已经出现。

家族档案

主要特征

🐾 毛发或皮肤覆盖全身；

🐾 外表接近现代哺乳类；

🐾 生产后代多为胎生。

生活简介

渐新世时期，哺乳类的存在基本遍布全球各地，它们已经正式崛起，开始了统治地球的征程。

渐新马

生活时期：始新世至渐新世（距今4000万～3000万年前）

栖息地：平原

食物：树枝、水果

化石发现地：北美洲

渐新马又叫间马，它的体形和始祖马比起来，要大不少。它的头部扁而长，颅骨有轻微凹陷，眼孔的位置略微靠后，两眼之间的距离比较远。它的门齿后有一道空隙，这是渐新马的独特之处。此时渐新马的脚趾前后都是三个，主要靠强壮的中趾站立，而剩余两个侧趾的功能很小，渐渐开始退化。

长颈副巨犀

生活时期：渐新世（距今3300万～2300万年前）

栖息地：平原

食物：植物

化石发现地：中国、蒙古国、巴基斯坦、哈萨克斯坦、印度

长颈副巨犀堪称地球历史上体形最大的陆生哺乳动物之一，它的肩高将近5米，身长8米，体重约有15吨，比4头大象还要重！它的样子很有特点：犀牛一样的外貌，却有着一个长脖子，身躯健壮，四肢略显细长。很显然，长颈副巨犀和长颈鹿一样，都是仰着脖子去吃高处的树叶。

副跑犀

生活时期： 渐新世（距今3300万～2500万年前）
栖息地： 平原
食性： 植食
化石发现地： 北美洲

副跑犀是早期犀牛类的成员之一。和人们印象中的犀牛相比，副跑犀有很大不同。它的体形和牛差不多，鼻子上没有角，因此副跑犀也被人称作"无角犀"，即没有角的犀牛。副跑犀的体重较轻，四肢修长，在遇到危险的时候，它可以撒开腿逃跑，脱离险境。

恐颌猪

生活时期： 渐新世（距今2900万～1900万年前）
栖息地： 草原
食性： 杂食。植物、腐肉、其他动物
化石发现地： 美国

恐颌猪长着大大的犬齿和锐利的前臼齿，它对食物的欲望很强烈，一点也不挑食，既吃动物，也吃植物，甚至连腐食也吃。有时候即便是吃饱了，它也要仗着身体强壮，张开大嘴，去抢夺其他动物的食物。

渐新象

生活时期： 渐新世（距今约3500万年前）
栖息地： 森林
食性： 植食
化石发现地： 北非

科学家研究了渐新象的化石后发现，它的外表有些接近现代大象，但鼻子很短，远没有现代大象那么长。它的上、下颚都有牙齿，上颚的牙齿短而锋利，可以用来防御；下颚的牙齿像铲子，很可能是渐新象用来收集食物的工具。

渐新世鸟类

大型鸟类在渐新世时期仍十分活跃。它们生活在陆地上，经常捕食一些哺乳动物，屹立在食物链的顶端。

主要特征

- 部分种类的鸟翼演化出前肢；
- 体形较大；
- 翅膀严重退化，没有能力飞行。

生活简介

这些生活在渐新世的陆地巨鸟，向人们表明鸟类不仅仅属于天空，即便是在地面，它们也可以活得很好。

曲带鸟

生活时期：渐新世（距今约 2700 万年前）
栖息地：森林、草原
食性：杂食
化石发现地：南美洲

自从恐龙灭绝后，不会飞行的鸟类就成为了陆地霸主，曲带鸟更是其中优秀的一类。它是一种失去飞行能力的巨型鸟，曾经广泛分布于南美洲的各处。曲带鸟拥有巨大的头颅和鸟喙，翅膀退化成协助捕食的工具，双腿筋骨强健，肌肉有力，善于奔跑，任何猎物都逃不过它的追捕。

长腿恐鹤

生活时期：渐新世（距今约 2700 万年前）
栖息地：森林
食性：肉食
化石发现地：南美洲

　　长腿恐鹤站立起来高达 3.5 米，相当于两个成年人的身高，体重约有 400 千克。和同时期的大多数鸟类一样，沉重的身体以及原始的翅膀，让它失去了飞行的能力。虽然长腿恐鹤不会飞，但它奔跑的速度却很快，再加上它的翅膀能像一对手臂一样捕捉猎物，因此几乎没有猎物可以逃脱长腿恐鹤的猎杀。

进食的长腿恐鹤

　　长腿恐鹤在追上猎物后，会用强有力的爪子按住对方，然后低下头用呈钩形的喙嘴将其撕碎。

新近纪概述

新近纪是地质历史上最新的一个纪，开始于大约 2300 万年前，结束于大约 258 万年前。它包括中新世和上新世。在新近纪，大部分哺乳动物进化得更高级，类似人的灵长类动物开始出现，被子植物进入了高度发展的时代。

地壳运动

中新世时期，一些大陆板块漂移、碰撞，使部分陆地升高、隆起，形成了许多有名的新山系。如非洲板块与欧亚板块相撞，形成了阿尔卑斯山脉；印度洋板块与欧亚板块相撞，使喜马拉雅山和青藏高原被大幅度抬升，形成了雄伟的喜马拉雅山系；北美洲的落基山脉和南美洲的安第斯山脉等，都是在那时逐渐形成的。

上新世时，各大陆板块继续漂移。南北美洲由原来的"咫尺相望"，变成了陆桥相连；澳大利亚大陆则继续向北移动。到上新世末期，各大陆板块基本漂移到了现在的位置。

喜马拉雅山脉

喜马拉雅山脉是世界海拔最高的山脉，地处板块边界碰撞地震构造带上。有关研究证实，喜马拉雅山脉从形成到如今，构造运动一直没有停止过，这意味着它一直在"长高"。一项最新的数据表示，喜马拉雅山脉的主峰——珠穆朗玛峰平均每年会增高约 1 厘米。

恐龙之后的新世界

Part

植物促进动物进化

进入新近纪以后，一些大陆气候逐渐变冷。很多热带植物适应不了这种变化，相继死去。于是，落叶森林和草地取代它们成为植物新势力。各种草的出现，促进了哺乳动物的进化和发展。马、羚羊、野牛等具有代表性的食草动物在这种情况下出现了。

植食性哺乳动物

植食性哺乳动物是哺乳动物家族中的素食主义者。它们可以从植物中萃取养分，补充身体所需能量。与吃"荤腥"的肉食性哺乳动物相比，植食性哺乳动物对纤维素的消化能力更强，而且相对而言，它们的体形更大一些。

高度繁荣的动物家族

新近纪是动物家族"扩军"的又一个繁荣期。哺乳动物不但有了特殊的新族员——古猿，体形也变得大了起来。另外具有代表性的就是海生无脊椎动物。其中，原有的大型货币虫被小型的有孔虫代替；六射珊瑚发展起来，逐渐形成了珊瑚礁。

有孔虫

有孔虫是浮游生物中的重要成员，多栖息在阴暗的海底。它能够分泌钙质或硅质，形成坚硬的外壳。大量有孔虫死后沉积在海底，经过海陆变迁逐渐变成了石灰岩。我们所熟悉的埃及金字塔就是用这种岩石建造的。

中新世哺乳动物

中新世大概从距今 2300 万年前持续到 530 万年前。进入中新世以来，哺乳动物家族在动物王国中的地位已经基本确立下来。它们经过进一步的演化和发展，不仅类别多了，形态也更加接近现代动物。

巨鬣狗

生活时期：中新世（距今约 1200 万年）
栖息地：草原
食性：肉食
化石发现地：亚洲、欧洲、北非

巨鬣狗是鬣狗家族历史上最出名的大家伙。据估算，成年巨鬣狗的体重达 380 千克，可能比棕熊还要重很多。不过，迄今为止，人们对巨鬣狗的生活习性了解还比较少。

家族档案

主要特征

🐾 体温恒定，大多体表被毛；
🐾 牙齿分化，具有不同功能；
🐾 体形变得较大。

生活简介

中新世是草原哺乳动物兴盛的时代。此时，草原上不仅有成群的马、大象和羚羊，还有以这些动物为生的哺乳类掠食者。

鬣狗为什么被归为"像猫的肉食性动物"？

无论是史前鬣狗还是现生鬣狗都长得很像狗，它们被归为"像猫的肉食性动物"，这是因为鬣狗的血缘与猫科动物更接近。

后猫

生活时期：中新世（距今900万～600万年前）

栖息地：森林

食性：肉食

化石发现地：亚洲、非洲

　　后猫是与剑齿虎同时出现的一种猫科动物，通常被划归入剑齿虎家族。它的体形与美洲狮类似，身材细长，剑齿又扁又短。古生物学家认为，后猫应该是伏击高手，善于潜伏在隐蔽的环境中偷袭猎物。

巨颏虎

生活时期：中新世至更新世（距今700万～100万年前）

栖息地：林地、草原

食性：肉食

化石发现地：亚洲、欧洲、非洲、北美洲

　　巨颏虎的体形并不是很出众，但它那长长的上犬齿看起来显得十分威猛。在当时，巨颏虎可是一种分布相当广泛的食肉动物。

伟鬣兽

生活时期：中新世（距今 2300 万～ 1500 万年前）
栖息地：森林
食性：肉食
化石发现地：非洲北部

　　伟鬣兽体形大且笨重，是已知存在的最大的陆地食肉动物之一。据估算，它的体重在 500 ～ 800 千克，是一种非常凶猛的古肉齿目动物，下臼齿非常锋利，甚至有可能杀死大象。

海熊兽

生活时期：中新世（距今约 2000 万年前）
栖息地：海岸
食物：鱼类、肉类、贝类
化石发现地：美国

　　海熊兽是史前鳍脚类最著名的动物之一。它长有一双大大的眼睛和特殊的内耳，可以在复杂的深海环境中找到猎物。捕猎成功后，海熊兽可能会到岸上享受美食，此时，它的动作就显得有些慢吞吞了，这点与现生海狮十分类似。

Part9
恐龙之后的新世界

袋剑虎

生活时期：中新世（距今约800万年前）

栖息地：平原

食性：肉食

化石发现地：南美洲

　　袋剑虎虽然长得很像剑齿虎，但却是有袋类动物中的一员。它身形"魁梧"，尤其是前肢非常发达。人们推测，袋剑虎可能是捕食大型食草动物的肉食强者。

独一无二的头

　　袋剑虎最令人奇怪的就是它的头了：上颌长出两颗长长的剑齿；下颌长有大大的护叶，保护着剑齿。不过，有些人认为，护叶不但会增加它头部的重量，还有可能增大其感染与骨折的概率。

嵌齿象

生活时期： 中新世至上新世（距今1500万～500万年前）
栖息地： 森林、草原、沼泽
食性： 植食
化石发现地： 亚洲、欧洲、非洲、北美洲

　　嵌齿象与原始的渐新象一样，长有"双层"象牙。上颌的象牙尖锐弯曲，可能是用来炫耀求偶和攻击敌人的。下颌的象牙短且呈平铲状，应该是它挖掘植物的工具。尤为特别的是嵌齿象的鼻子能与下颌象牙密切配合，将美味的食物送到嘴巴里。

互棱齿象

生活时期： 中新世至更新世（距今约200万年前）
栖息地： 林地
食性： 植食
化石发现地： 亚洲、欧洲

　　互棱齿象游荡在200万年前的亚洲和欧洲，以树叶和树根为食。除了嘴巴里伸出的那长达3～4米有些夸张的象牙，它看起来与现代象长得差不多。这种长着"长剑"牙的象类应该死于由于气候变化引起的食物匮乏。

剑棱象

生活时期： 中新世中、晚期（距今约 700 万年前）
栖息地： 草原、林地
食性： 植食
化石发现地： 非洲、亚洲

据研究剑棱象起源于某种嵌齿象，是真象类最早的祖先。它最显著的特点就是齿脊数目很多。

铲齿象

生活时期： 中新世（距今 1000 万 ~ 600 万年前）
栖息地： 湿润的草原
食物： 水生植物
化石发现地： 亚洲、欧洲、非洲、北美洲

如果说嵌齿象的下颌牙有些像铲子，那么铲齿象的下颌牙则可以用登峰造极来形容，因为它的下颌象牙不但又宽又大，顶端还有一个凹槽。平时，铲齿象就是利用这个特殊工具进食水生、半水生植物的，所以古生物学家亲切地称呼它为"水中清道夫"。但是，因为食物非常单一，容易受环境变化的影响，铲齿象只在地球上存活了不长时间就灭绝了。

恐龙之后的新世界

远角犀

生活时期：中新世至上新世（距今 1700 万～ 400 万年前）
栖息地：平原
食物：草
化石发现地：北美洲

　　远角犀最显著的特点是鼻子上长有一个小小的圆锥形角。这种早期的有角犀牛身形惊人，四肢粗壮，看起来十分笨重。人们曾在史前河流遗址以及湖泊沉积物中发现了大量远角犀化石，这说明它与河马一样，也喜欢"泡澡"。

砂犷兽

生活时期：中新世至上新世（距今 1500 万～ 500 万年前）
栖息地：平原
食物：植物
化石发现地：亚洲、欧洲、非洲

　　砂犷兽长得像马又像长颈鹿，同样是一种外表十分有特点的有蹄类动物。它的体形出众，前蹄演化成了钩状爪，平时靠健壮的后肢以及前肢的指关节行走。古生物学家推测，砂犷兽很可能拥有用后肢站立的绝技。这时，它通常是在用巨爪抓取高处的树叶。

后弓兽

生活时期：中新世至更新世（距今 700 万～2 万年前）
栖息地：草原
食物：树叶和草
化石发现地：南美洲

后弓兽的样子十分特别，看起来就像多种动物的整合体：大象一般的鼻子，骆驼一般的长脖子，马一般的身体。在 700 万年前南美洲的平原上，处处都有它的身影。

逃生秘诀

尽管后弓兽被古生物学家们归属为有蹄类动物的行列，但其股骨十分短小，这说明它并不是速跑"健将"。不过，特殊的四肢结构或许能帮助它在奔跑的过程中随时改变姿势和方向。这样，当凶猛的掠食者出现时，后弓兽便可能顺利逃生。

进食

别看后弓兽的脖子长长的，却十分灵活。饥饿时，它既能抬起脖子尽量够食树木上的鲜嫩枝叶，又能低头啃食地面的青草。

三趾马

生活时期：中新世至更新世（距今2300万~200万年前）

栖息地：草原

食物：草 树叶

化石发现地：北美洲、亚洲、欧洲、非洲

　　三趾马四肢修长，吻部突出，与现生矮种马长得很相似。比较特别的是，它每只脚上长有三个趾。这三个趾只有中间的承担重量；其他两个趾接触不到地面。

草原古马

生活时期：中新世（距今1700万~1000万年前）

栖息地：平原

食物：草

化石发现地：美国、墨西哥

　　草原古马的吻部突出，颌骨较深，双眼位于头部两侧、距离更长，所以它被古生物学家称为"第一种头颅类似现代马"的动物。草原古马只吃草，不吃树叶，这点与其祖先也有差别。但是，它每只脚上长有三个趾，中趾用于奔跑，其他两趾趋于退化。

石爪兽

生活时期：中新世（距今约 1200 万年前）
栖息地：平原
食物：植物
化石发现地：亚洲

　　石爪兽因脚爪形状像石块而得名。这种现代马的远亲外表非常奇特，头像马，脖子像长颈鹿，身体又有些像熊。它走路时脚步可能呈内八字形态，动作比较迟缓。因为体形高大，所以石爪兽既能挖掘地面植物的块茎，又能够取食到高处的鲜嫩枝叶。

上新马

生活时期：中新世至更新世（距今 1200 万～ 200 万年前）
栖息地：平原
食物：植物
化石发现地：美国

　　有些研究人员认为上新马是现代马的祖先，因为它每只脚上只有一个趾。不过，这还有待确认，因为上新马的牙齿是呈弧形排列的，而且面部还有特别的凹陷处。这两个特点均与现代马不同。

现生"亲戚"

　　现在，全世界有 400 多种已驯养的马类以及 7 种左右的野生品种。它们不但具有修长的四肢和单趾，还有窄长的头部和长长的尾巴，而且它们的颈部还长着硬硬的长鬃毛。这些成员大都是既擅跳跃，又擅奔跑的跑跳健将。

奇角鹿

生活时期： 中新世至上新世（距今 2300 万～ 500 万年前）

栖息地： 草原

食物： 植物

化石发现地： 北美洲

　　奇角鹿因雄性长有令人惊叹的"Y"形鼻角而得名。古生物学家研究认为，这个奇特的鼻角可能是它在繁殖期吸引异性的工具，也可能是与其他同类角逐的制胜武器。

始长颈鹿

生活时期： 中新世至上新世（距今 1600 万～ 500 万年前）

栖息地： 草原

食物： 植物

化石发现地： 亚洲、欧洲、非洲

　　始长颈鹿是现生长颈鹿和霍加狓的祖先。它的模样和霍加狓很像，并没有长长的脖子。不同的是，始长颈鹿的头上长有两对毛茸茸的角，看上去很奇怪。

古骆驼

生活时期： 中新世至上新世（距今 1500 万～500 万年前）

栖息地： 草原、林地

食物： 植物

化石发现地： 北美洲

古骆驼有着长长的脖子和修长的四肢，看起来很像长颈鹿。它每只脚上长有两个趾，足底还有厚厚的肉垫，所以可以飞速奔跑。

巨足驼

生活时期： 中新世至更新世（距今 1030 万～3 万年前）

栖息地： 草原、林地

食物： 植物的枝叶

化石发现地： 北美洲

巨足驼身形高大，四肢修长，也长有一个储存脂肪的小仓库——驼峰。虽然巨足驼从外表看起来更像骆驼，但相关研究却表明，它与南美羊驼的关系更密切。

海懒兽

生活时期：中新世至上新世（距今1100万～258万年前）

栖息地：海洋、陆地

食物：海草、海藻

化石发现地：南美洲

　　海懒兽是树懒的史前近亲。但是，它却有半水栖特征。粗壮的尾巴可能是海懒兽在水中游动和掌握方向的工具，厚重结实的牙齿有利于压碎食物，而尖利的爪子则有可能像船锚一样，帮助它固定在海底搜寻海草等食物。

有角囊地鼠

生活时期：中新世至上新世（距今1000万～500万年前）

栖息地：林地

食物：植物

化石发现地：加拿大、美国

　　有角囊地鼠是已知体形最小的有角哺乳动物之一，也是少数有角的啮齿类动物之一。它穴居在地下，所以科学家们曾认为它头上那富有个性的角是其挖掘泥土的工具。但是，这种说法有待确认，因为强壮有力的前肢和锋利的前爪足以完成这个工作。所以，后来人们推测，角是有角囊地鼠用来求偶和御敌的工具。

西瓦古猿

生活时期：中新世（距今 1200 万～ 700 万年前）

栖息地：林地

食物：植物

化石发现地：尼泊尔、巴基斯坦、土耳其

　　西瓦古猿居住在森林里，古生物学家推测它应该会攀爬树木，摘取高处的果实，或者到树上休息。西瓦古猿化石的臼齿很大，这说明它常常嚼食草籽等坚硬的食物。

森林古猿

生活时期：中新世（距今 1500 万～ 1000 万年前）

栖息地：林地

食物：植物

化石发现地：亚洲、欧洲、非洲

　　森林古猿体形与黑猩猩相近。它大部分时间栖息在树上，可能会用长长的手臂在高大的树木间"荡秋千"。森林古猿无论爬树，还是在地面上行走都习惯四肢并用。不过与黑猩猩用指关节抵地行走不同，它行走时整个脚掌都是着地的。

索齿兽

生活时期：中新世（距今约 2000 万年前）
栖息地：浅水或海岸边
食物：贝类、海草
化石发现地：太平洋沿岸

索齿兽外表很像河马，但生活习性应该与海牛非常相似。它长着奇怪的弯腿和锥子一样的牙齿，靠翻寻浅海海床上的贝类为生，也可能吃些海草。

谜团

索齿兽的出现和灭绝都带着一种神秘的色彩。有关学者研究认为，索齿兽与现生象类的关系很近，身上还保留着原始长鼻动物的特征，所以它可能来自共同的祖先。另外，索齿兽的灭绝原因也是个未解之谜。目前，最被学者接受和认可的原因就是由海洋温度、盐度的异常变化所引起的食物短缺。

潜泳

科学家通过研究索齿兽化石中的化学物质组成发现，它虽然属于半水生的哺乳动物，但大部分时间是待在水中的，其游泳和潜水能力非常不错。索齿兽在岸上走起路来十分笨拙，但到了水里就灵活许多，可以像非洲的河马那样优雅地走起太空步。

Part9
恐龙之后的新世界

剑吻古豚

生活时期：中新世（距今约1500万年前）
栖息地：海洋
食物：鱼类
化石发现地：法国、比利时、美国

　　剑吻古豚正如它的名字一样，上颚延伸出一个长长的尖吻。特别的是，这个尖吻里分布着密密麻麻的锋利牙齿。古生物学家推测，这种古老的海生哺乳动物很可能如它的现生近亲一样，拥有回声定位捕食的本领。

利维坦鲸

生活时期：中新世（距今约1300万年前）
栖息地：海洋
食物：不详
化石发现地：南美洲

　　利维坦鲸与巨齿鲨一样，堪称顶级掠食者。它不仅体形庞大，还长着满口锋利的鲸齿。这种大型鲸战斗力十分强悍，甚至可能捕食比自身还要大的须鲸。

上新世哺乳动物

　　上新世从距今530万年前持续到258万年前。在这约270万年的时间里，不管是陆地哺乳动物还是海生哺乳动物，都已经进化得相当高级了。它们在不同地域之间迁徙，与其他动物"家庭"融合、混居，逐渐演化成了我们所熟悉的动物类型。

恐猫

生活时期：上新世至更新世（距今500万～100万年前）
栖息地：森林
食性：肉食
化石发现地：亚洲、欧洲、非洲、北美洲

　　恐猫是一种体形和美洲豹相仿的猫科动物。它的双腿强壮修长，指爪能任意伸缩，比较擅长爬树。它那灵活的尾巴有利于在运动过程中保持身体平衡。位于头顶前端的双眼，则能帮助它准确判断距离。具备了这些有利因素，跳跃和捕猎对恐猫来说应该是小菜一碟了。

家族档案

主要特征

🐾 胎生，哺乳，用肺呼吸；

🐾 大多四肢强健，运动能力强；

🐾 面貌进一步现代化。

生活简介

　　上新世时期，不同大陆上的动物家族呈现出不同的特点：北美洲有蹄类动物变少，啮齿类动物和犬形类动物比较繁荣；亚洲啮齿类动物高度繁荣，其他动物得到进一步发展；非洲有蹄类动物最多，灵长目动物在慢慢进化、发展；南北美洲动物相互融合；大洋洲有袋类动物依然强盛。

Part9
恐龙之后的新世界

剑齿虎

生活时期：上新世至更新世（距今 500 万～ 1 万年前）

栖息地：平原

食性：肉食

化石发现地：北美洲、南美洲

　　与很多现生猫科动物一样，剑齿虎的肌肉十分发达，是出色的捕猎高手。熊、马以及猛犸象幼崽等动物都在剑齿虎的狩猎名单中。不过，剑齿虎的牙齿还不够坚硬，不足以直接咬穿猎物的脖子。所以，捕猎时它通常会采取"先扑倒猎物，再撕咬其咽喉"的战术。

袋狮

生活时期：上新世至更新世（距今 200 万～ 4.5 万年）

栖息地：森林、灌丛

食性：肉食

化石发现地：澳大利亚

　　袋狮是一种有袋类动物。它的前肢非常粗壮，爪子尖利可伸缩。此外，它的裂齿非常锋利，颌肌也很有力，能轻易从猎物身上撕下大片的皮肉。所以，有人一直认为袋狮是所有已灭绝哺乳动物中咬劲最强的。

硕鬣狗

生活时期：上新世至更新世（距今 300 万～ 40 万年前）

栖息地：平原

食性：肉食

化石发现地：亚洲、欧洲、非洲

　　硕鬣狗与现代近亲一样，最明显的特征就是前腿长，后腿短，脊椎很明显地向尾巴倾斜。不过，它的体形要比现代近亲大很多。

围捕战术

　　一些古生物学家推测，硕鬣狗因为受体形的限制，不太适合长距离追捕猎物。所以它们通常会向那些耐力较差的大猎物下手。硕鬣狗是群居动物，捕食时通常会采取围捕战术，这样成功的概率会更高。一旦捕食成功，它们就会狼吞虎咽地享受战果。

大地懒

生活时期： 上新世至更新世（距今 500 万～ 1 万年前）

栖息地： 林地

食性： 植食

化石发现地： 南美洲

　　大地懒的全身覆盖着一层厚厚的浓密毛发，毛发下还隐藏着一层由骨质甲片组成的"盔甲"。它既可以用四足行走，又可以用后肢站立。直立行走时，大地懒的身高是大象的两倍，完全能用弯弯的爪子拉下高处的枝条，以填饱肚子。

巨爪出击！

　　大地懒的大爪呈弯钩状，非常锋利。饥肠辘辘时，大地懒只要用后足站立起来，用巨爪牢牢攀住树枝，就能吃到美味的食物。如果有敌人前来挑衅，大地懒也会适时亮出巨爪，与其搏斗一番，让它们尝尝自己的厉害。

大地懒的现生亲戚也很强大吗？

　　大地懒是与现生树懒血缘很近的表亲。不过，树懒既不生活在陆地上，也没有大地懒那么强大。树懒大部分时间都在树上睡觉，即使偶尔运动，动作也慢得出奇，总是一副懒洋洋的样子。

恐龙之后的新世界

Part 9

雕齿兽

生活时期：上新世至更新世（距今 300 万～1 万年前）
栖息地：草原
食物：草
化石发现地：南美洲

雕齿兽身体被坚硬的甲壳覆盖，就像身披铠甲的武士。此外，那长满角质刺的管状尾巴也是雕齿兽的显著特征。拥有如此完善的防御装备，相信再凶猛的肉食性动物前来挑衅、进攻，雕齿兽也能沉着应对。

铠甲

雕齿兽的甲壳非常不简单，是由超过 1000 个 1 寸厚的骨板组成的。

现生铠甲勇士——犰狳

雕齿兽的现生亲戚是体形较小的犰狳（qiúyú），它也有一层厚重的装甲。有意思的是，有些犰狳为了躲避敌人攻击，能蜷缩成坚硬的圆球。不过，与雕齿兽进食植物不同，犰狳主要吃昆虫和无脊椎动物。

现代犰狳

披毛犀

生活时期：上新世至更新世（距今300万～1万年前）

栖息地：平原

食物：草

化石发现地：亚洲、欧洲

披毛犀的体形与现生犀牛差不多，四肢短粗，吻部上方长有两只尺寸不等的犀角。披毛犀因全身披着又厚又长的体毛而得名。要知道，它当时生活在处于冰期的亚欧大陆上，这些长长的体毛能帮助它适应寒冷的气候。

挖掘工具

寒冷的冬天，地面上的草大都被厚厚的冰雪覆盖了，披毛犀怎么填饱肚子呢？披毛犀的角十分坚硬，食物匮乏时，这就是凿雪取草的最佳工具。与一般雌性动物无角不同，雌性披毛犀也长有稍短的大角，所以它们也不会因冰雪封地而饿肚子。

佩罗牛

生活时期：上新世至更新世（距今300万～1.2万年前）

栖息地：草原

食物：草

化石发现地：非洲

佩罗牛的四肢修长，身体健壮，还长着一对弯弯的大角。它是非洲水牛的近亲，名字来源于希腊神话，意思是"怪物一样的羊"。

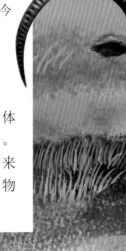

大角鹿

生活时期：上新世至全新世（距今 500 万～ 0.77 万年前）
栖息地：平原
食性：植食
化石发现地：欧亚大陆

　　大角鹿是已知体形最大的鹿类之一。雄性大角鹿长有极为夸张的鹿角，这是它吸引异性、获得青睐的必备工具。此外，大大的鹿角还是雄鹿耀武扬威的利器，可以帮助它震慑住敌人。与现生鹿类一样，这标志性的大角每年要更换一次。

大角鹿怎么消失了？

　　大角鹿每天要进食大量植物以保证身体供给。而且，它那对大角需要很多矿物质才能持续生长。可是约在 1.1 万年前，气候逐渐变冷，大角鹿的食物变得越来越少。另外，大角鹿经常成为早期人类、大型猫科动物的猎物，最终灭绝了。

南方古猿

生活时期：上新世至更新世（距今 400 万～ 100 万年前）
栖息地：森林
食性：杂食
化石栖息地：非洲

　　南方古猿比其他猿类更接近现代人类，这不是因为它的大脑已经有现代人类的三分之一大小，也不是因为它有长毛发的皮肤，而是它能直立行走。所以，南方古猿被认为是从猿到人的重要过渡物种。

直立行走

　　直立行走不仅可以让南方古猿走得更远，还能让它有更广阔的视野，发现身边潜在的危险。

恐龙之后的新世界

复杂的社会部落

　　一些科学家认为，南方古猿有着近似黑猩猩的集群生活方式。通常每个南方古猿部落会由一只雄性和数只体形较小的雌性组成。这只雄性古猿就是部落的首领。不过，雄性古猿的首领地位有可能受到其他雄性的威胁。这时，古猿首领就会与叫嚣者来一次捶胸顿足的炫耀比赛，谁赢了谁就有机会成为下一任首领。

栖息地

　　与其他猿类不同，南方古猿既会在森林里活动，又会到开阔的草原地带散步，所以它大都生活在草地与树丛相间的区域。

巨河狸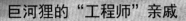

生活时期：上新世至全新世（距今 300 万～1 万年前）
栖息地：湖泊、池塘、沼泽
食性：植食
化石发现地：北美洲

　　巨河狸是史前啮齿动物中的大个子，体形能与黑熊相媲美。它与现生河狸相比，后肢较短，尾巴则更窄长一些。不过，它同样习惯栖息在水源附近，也可能会建造堤坝和巢穴。

巨河狸的"工程师"亲戚

　　巨河狸的现生亲戚——河狸，它是动物界有名的"工程师"。它能将树枝、泥土和石块等材料混合起来，在水上建成类似帐篷的木屋，日日与水为伴。为了营造出更舒适、安全的生活环境，河狸们还会合力修建一条长长的水坝，阻挡外来者入侵。

史前巨鼠

生活时期：上新世至更新世（距今 400 万～200 万年前）
栖息地：森林、河口附近
食性：植食
化石发现地：南美洲

　　史前巨鼠是迄今为止人类发现的最大的啮齿类动物。它的样子很像现生动物水豚，不过体重却是水豚的数倍。粗壮的门牙被古生物学家认为是史前巨鼠挖食树根、炫耀求偶以及与敌人打斗抗衡的多用途工具。

米诺卡岛兔王

生活时期：上新世（距今 500 万～300 万年前）
栖息地：岛屿
食物：植物的根茎
化石发现地：西班牙

　　米诺卡岛兔王是一种史前巨兔，曾经生活在西班牙米诺卡岛上。它身形很大，体重可达十几千克，所以并不善于跳跃，动作有些笨拙。因为生活的岛屿与世隔绝，没有天敌来骚扰，诺卡岛兔王甚至都没有进化出灵敏的视觉和听觉。

上新世鸟类

上新世时期，鸟类世界演化出了一些大型鸟类。它们虽然不能飞翔，但性情却十分凶猛，泰坦鸟就是典型的代表。泰坦鸟作战能力突出，时常攻击其他动物，因此被视为"恶霸"。即使是实力相当的袋剑虎也要让它三分。直到剑齿虎和美洲豹进入南美洲，这种不会飞的大鸟才退出了统治舞台。

泰坦鸟

生活时期：上新世至更新世（距今 500 万～ 200 万年前）

栖息地：草原

食性：肉食

化石发现地：南美洲、北美洲

泰坦鸟的体重是成人的两倍，但强健的双腿足以支撑它的体重。它跑得比人还快，时速甚至能超过 60 千米。特别的是，它厚重的嘴喙末端带着尖钩，这足以杀死猎物并撕开它们的身体。不过，泰坦鸟的翅膀却非常短小，似乎没有什么特别的用处。

闪电出击

泰坦鸟是一种肉食性鸟类，经常捕杀早期哺乳动物。但是因为体形过大，容易暴露，泰坦鸟在捕食之前不得不找个隐蔽性好点儿的树丛藏起来。等猎物靠近时，它就会猛地冲出去，用钩子一样的尖喙以闪电般的速度向对方啄去。很多动物来不及反应，顷刻间就被这些凶猛的家伙杀死了。

第四纪概述

第四纪大约从 258 万年前开始，一直持续至今。它是新生代最新也是最后的一个纪，包括更新世和全新世。进入第四纪，生物界已经进化到现代面貌，尤为特别的是灵长目动物完成了从猿到人的进化。

多变的气候

第四纪时期，地球板块运动的幅度不大。不过，气候变化却十分频繁，出现了冰期与间冰期反复交替的情况。冰期时，北半球高纬度地区大部分变成了冰雪世界，被厚厚的冰雪覆盖。间冰期时，气温回暖，厚厚的冰雪渐渐消融，海平面慢慢上升，以至于淹没了部分大陆桥。

Part9
恐龙之后的新世界

278

物种进化

与其他几个纪相比，第四纪时期的动物类别并没有太大程度的更新，而是动物属种在原有基础上得到了进一步发展。更新世初期，有蹄类动物、长鼻类动物依旧繁盛；更新世末期，受气候突变的影响，不少物种衰亡了。到了第四纪的最后阶段——全新世，动物家族尤其是哺乳动物的面貌已经和现代差不多了。

恐狼

更新世已经出现一些非常进步的现代犬类动物了。当时的恐狼就与现代狼非常相似。只不过出于御寒的需要，恐狼的毛发更厚重。

直立人　　　　　尼安德特人　　　　　智人

人类

更新世对于人类来讲，是一个重要的发展阶段。真正的现代人类和一些进化得不那么成功的人类都出现在这一时期。

全新世

全新世时，地球气候普遍转暖。喜暖的动植物逐渐由低纬度向高纬度迁移。当时无论是自然地理环境，还是生物面貌已经完全演化成现代面貌了。

更新世鸟类

　　进入更新世以后，动物王国呈现出一片繁荣的景象。鸟类家族也不甘落后，演化出了许多物种。它们或翱翔于天空，或占据着陆地。一些成员经过进化，甚至变成了凶猛的肉食性鸟类。

恐鸟

生活时期： 更新世至全新世（距今200万～200年前）
栖息地： 平原
食性： 植食
化石发现地： 新西兰

　　恐鸟是史前鸟类中最大的不会飞行的鸟类之一。它的身形肥大，下肢粗短，看起来非常健壮。700年以前，新西兰曾广泛分布着这种大鸟。但是随着环境的改变和人类的猎杀，恐鸟很快就在地球上消失了。

家族档案

主要特征

🐾 体表被羽；

🐾 体形较大，脚爪粗壮；

生活简介

　　更新世时期的鸟类普遍胃口很大，平时需要进食大量食物以维持正常需求。

恐鸟为什么会消失？

　　恐鸟的灭绝与人类的捕杀有很大的关系，但是如果把所有的责任都归咎于人类，恐怕也有失公允。科学家研究发现，除了人类的原因外，恐鸟灭绝还和它本身出生率低有关。不仅如此，天敌的捕杀、自然灾害等因素也让这种缺乏自卫能力的大鸟最终消亡。

牛顿巨鸟

生活时期： 更新世（距今5.3万~3万年前）
栖息地： 平原等
食性： 可能是肉食
化石发现地： 澳大利亚

　　牛顿巨鸟至少有2米高，它的身体笨重，无法飞行。牛顿巨鸟长着尖锐的喙，有关资料显示，这种大鸟是肉食性动物，有可能以捕杀其他动物或是吃腐肉为生。随着气候剧变和人类的到来，牛顿巨鸟也灭绝了。

象鸟

生活时期： 更新世至全新世（距今200万~1000年前）
栖息地： 沼泽林地
食性： 植食
化石发现地： 马达加斯加

　　作为史前巨鸟家族的一员，象鸟是迄今为止发现的第二大鸟类。它同样不会飞行，但有强壮的双腿。依靠在地面啄食植物为生。

象鸟的灭绝

　　16世纪以后，由于马达加斯加当地人砍伐大片森林进行耕种，导致象鸟的栖息地遭到了严重破坏。这种大鸟不得不离开赖以生存的家园到农田里寻找食物。结果可想而知，与恐鸟一样，象鸟也灭绝了。

哈斯特鹰

生活时期： 更新世至现代
栖息地： 森林
食性： 肉食
化石发现地： 新西兰

　　哈斯特鹰曾经雄霸新西兰岛，是恐鸟的主要天敌。饥饿时，它会在森林里飞行、巡视一番，寻找可口的"饭菜"。目标锁定以后，哈斯特鹰只需要找准时机，用巨爪和尖喙猛力攻击猎物的脖子和头部，就能让这些猎物瞬间毙命。

更新世哺乳动物

更新世初期，哺乳动物家族非常繁盛；北方草原上生活着各种各样的有蹄类动物；北美洲的有蹄类动物——骆驼逐渐走进南美洲和亚洲；世界各地活跃着猫科动物的身影；许多大陆有熊类动物生活……

恐狼

生活时期：更新世（距今 200 万～1 万年前）
栖息地：平原
食性：肉食
化石发现地：加拿大、美国、墨西哥

　　与现代狼相比，恐狼的头颅较宽，颌骨更加强壮，牙齿也更长更大。古生物学家根据已发现的恐狼化石推测，它除了吃腐肉外，还会合力围捕野牛等大型动物。恐狼在最后一个冰期销声匿迹了，这可能是由植食性动物灭绝造成的。

家族档案

主要特征

- 部分成员肌肉发达；
- 脑容量较大，面貌接近现代；
- 胎生哺乳，体温恒定。

生活简介

　　更新世时，北方气候非常寒冷。为了避寒，哺乳动物要么迁徙到温暖的地方生活，要么长出了厚厚的毛发。

Part9

恐龙之后的新世界

洞鬣狗

生活时期：更新世（距今100万～1万年前）

栖息地：平原

食性：肉食

化石发现地：亚洲、欧洲

　　洞鬣狗生活在著名的冰河时代，所以它有时也被称为"冰河时代斑鬣狗"。这种鬣狗的体形比现代鬣狗大得多，它并不是游牧一族，平时习惯住在洞穴里。人们根据其洞穴里的化石分析，洞鬣狗可能有储存食物的习惯。野马、披毛犀、驯鹿等动物都在它的狩猎名单中。

超强的消化能力

　　现生鬣狗的吻部宽大，颌骨和牙齿非常有力，甚至能嚼碎坚硬的骨头。更为强大的是，它们能消化皮毛和骨头。所以，这些家伙才会有那么粗鲁的吃相。有些人认为，它们的祖先同样具备这种能力。

熊齿兽

生活时期：更新世（距今200万～1万年前）

栖息地：山地、林地

食性：杂食

化石发现地：北美洲

　　熊齿兽用后肢站立时，可能比两个成年人的身高之和还要高。所以，它通常被认为是目前已知的体形最大的熊类。熊齿兽生性凶猛，专门捕食马、鹿、野牛等大型动物。不过，它有时也会吃些植物来调剂口味。

异剑齿虎

生活时期：更新世（距今180万～3万年前）

栖息地：林地

食性：肉食

化石发现地：北美洲

　　异剑齿虎有较长的前肢和颈部，其剑齿短而宽，下颌结实，咬合力应该很强。古生物学家推测，它同样是一种凶悍的猫科动物，能与恐狼一较高下。

巨型短面袋鼠

生活时期：更新世（距今约5万年前）
栖息地：森林、平原
食性：植食
化石发现地：澳大利亚

　　巨型短面袋鼠是已知的最大袋鼠之一，体重为200～230千克。除了格外出众的体形，它那类似马蹄的大脚趾和极具个性的前爪同样令人惊讶。古生物学家认为，拥有特长手指的前爪可能是它抓取树叶的最佳工具。

它与现生亲戚有什么不同？

　　巨型短面袋鼠与现生袋鼠相比，有很多不同之处：首先是它更加强壮；其次是它的面部较宽；再次是其后肢只有一个单一的大脚趾；最后是它的手指上有大爪。

双门齿兽

生活时期：更新世（距今200万～50万年前）
栖息地：林地、草原
食性：植食
化石发现地：澳大利亚

　　双门齿兽体形堪比河马，是已知最大的有袋类动物。有关研究表明，它每天要进食相当于体重四分之一的植物，才能保证自身需求。据称，这种身形彪悍的动物死于气候异常和人类猎杀。

箭齿兽

生活时期：更新世（距今250万～1.65万年前）
栖息地：草原、沼泽
食物：植物
化石发现地：南美洲

　　箭齿兽大如犀牛，是南美洲草食性有蹄类哺乳动物中体形最大的成员之一。它每天要进食大量植物才能维持正常身体供给。有关研究表明，箭齿兽的生活习性与河马类似，可能生活在沼泽附近。

板齿犀

生活时期：更新世（距今200万～12.6万年前）
栖息地：平原
食物：草
化石发现地：亚洲

　　板齿犀同样是史前动物中的"重量级选手"，体重为3000～5000千克。与同族成员不同的是，板齿犀的额头上有一个大圆顶状突起，科学家们猜测，那里应该长着一个长长的厚角。而且，板齿犀的四肢略长，有可能更善于奔走。

现生近亲

　　现生犀牛与它的祖先一样，拥有非常庞大的体形，成了现存最大的奇蹄目动物。不过，它大都无毛或毛发稀少，主要分布在亚洲以及非洲。因为人类的猎杀，这些犀牛的处境变得越来越危险了。

恐龙之后的新世界

原牛

生活时期：更新世至全新世（距今200万～500年前）

栖息地：林地

食性：植物。如草、水果等

化石发现地：亚洲、欧洲、非洲

　　原牛是很多现生牛科动物的祖先。它的体形庞大，体重可达1吨。这种肌肉发达、四肢强壮有力的家伙性情极为凶猛狂野，非常难以接近。与很多现生牛科动物一样，但凡有敌人来挑衅，原牛就会用那巨大的、朝前弯曲的角向敌人发动猛烈进攻。

温顺的后代

　　尽管原牛脾气暴躁，但聪明的人类还是找到了驯服它的方法。早在8000多年前，人们就已经开始饲养原牛以获取奶、肉和皮毛了。随着时间的推移，这些被驯养的原牛逐渐演化成了温顺的家牛。

西伯利亚野牛

生活时期：更新世（距今约180万年前）
栖息地：草原
食物：草
化石发现地：亚洲、欧洲、北美洲

  西伯利亚野牛是高达 2 米的类似现代野牛的物种，体重甚至能达到 1100 千克。它粗大的牛角向外侧生长，两角尖端相距很远。

形象的壁画

  在西班牙阿尔塔米拉洞穴中，人们就发现了有关西伯利亚野牛的壁画。这种壁画是用一种叫赭（zhě）石的原料绘制的。

猛犸象家族

在漫长的史前历史中，象类动物经过不断进化、发展，逐渐拥有了庞大的体形。这个过程中，它们的鼻子和标志性的长牙也越来越长，最终变成了我们熟悉的现代象类的模样。其中，最著名的象类动物应该是猛犸象了。猛犸象家族非常庞大，包括真猛犸象、哥伦比亚猛犸象等很多成员。

保暖秘诀

除了厚重的深色长毛外，真猛犸象贴近皮肤的表层还有很多细细的绒毛，这就相当于一层保暖内衣，可以抵御长毛无法阻挡的寒气。此外，真猛犸象皮下有一层脂肪，也可以有效保暖。

真猛犸象

生活时期：全新世（距今约3700年前）
栖息地：冻原
食性：植食
化石发现地：亚洲、欧洲、北美洲

真猛犸象因体表覆盖着又粗又长的毛也被称为"长毛象"。它是猛犸象家族中体形较小的一类成员，主要生活在气候寒冷的北方冰原地带。

哥伦比亚猛犸象

生活时期：更新世（距今150万～1.1万年前）
栖息地：稀树草原
食性：植食
化石发现地：北美洲

　　哥伦比亚猛犸象在猛犸象家族中属于体形较大的成员，体重6～8吨，它长着长长的牙，大约有2米长。这种猛犸象生活的环境相对温暖潮湿，所以身上没有像真猛犸象那样浓密的长毛。

食物的需求

　　哥伦比亚猛犸象每天至少要吃掉300千克的食物，所以它不会放过任何植物，如草类、植物的鳞茎、矮灌丛、水果等。在寻找食物的过程中，必然少不了长獠牙的帮忙。

灵长类动物

　　灵长类动物的成员包括猴类、类人猿类和人类。早期的灵长类动物出没于丛林中，那时，它们的个头只有松鼠大小。恐龙灭绝之后，灵长类动物体形逐渐变大，还演化出了很多新物种。

巨猿

生活时期：更新世（距今100万～30万年）
栖息地：森林
食物：竹子、树叶、果实
化石发现地：中国、印度、越南

　　古生物学家通过研究巨猿的化石认为，它站立时有3米高，体重达540多千克，可能是有史以来最大的类人猿。这些大家伙不杀生，只吃竹子等素食，所以应该十分温柔。人们推测，巨猿也是集小群生活的动物。每一个"小团体"会由一只颇具威望的雄猿来领导。

首次发现

　　1935年，一位荷兰古生物学家在一家中国药店里发现了一块牙齿化石。他意识到这块化石很可能来自于灵长类动物。其实，这块化石就是巨猿的牙齿化石。

牙齿的秘密

　　其实，到现在为止，人们也没有发现巨猿的完整化石。但是科研人员却能根据已发现的牙齿和下颌骨复原出巨猿的头骨，进而一步步复原出整个躯体和骨架。要知道，很多史前动物都是依据部分化石复原出来的，并不是凭空想象的。

人类的进化

　　大约在 500 万年前，非洲东部出现了一种大型高级灵长类动物——南方古猿，它被认为是最早的人类祖先。接下来就是进一步的演化，出现了许多外表与现生人类更接近的新物种。"新人类"逐渐适应了直立行走，还学会了使用工具，人类就这样一步一步进化得更加高级、进步。

直立人

生活时期：更新世（距今200万～10万年前）
栖息地：草原、林地
食性：杂食
化石发现地：亚洲、欧洲、非洲

　　直立人身材高大，从体形到外表都和现代人非常相似。他们有着比现代人更平坦的额头、发达的双颌和牙齿。这些最早期的人类起源于非洲，后来逐渐走入了亚洲，并由此进入了欧洲大陆。

进步

　　古生物学家通过研究直立人的头骨化石发现，他们的左右脑是不对称的。而且，其脑容量是南方古猿的两倍，相当于现代人的70%。一些科学家据此认为，直立人应该已经会使用语言进行交流了。

工具

　　早在 100 多万年前，直立人就已经懂得用石头制造生产和生活工具了。他们把燧石一点一点打磨成锋利的刃，然后再把其改造成刀、刮刀或斧子。人们在直立人化石的周围就发现了一些石质工具、动物骨骼和烹饪之后燃烧的灰烬。这说明他们除了使用工具外，还可能是最早用火取暖和加工食物的古人类。

尼安德特人

生活时期：更新世（距今35万~3万年前）

栖息地：草原和林地

食性：杂食，以肉类为主

化石发现地：亚洲、欧洲

尼安德特人有着低矮倾斜的额头、厚重的眉弓、大大的鼻子和前突的双颌，是一群身体健壮、头脑聪明的人类。他们懂得使用语言交流，可以缝制衣物，会用火和工具，拥有固定的居所。很多学者认为，尼安德特人是现代欧洲人祖先的近亲。

多样生活工具

尼安德特人的工具要比直立人的更丰富多样。除了重型手斧，他们还"打造"出了石刀、矛尖等精致小巧的工具。

尼安德特人是怎么保暖的？

尼安德特人生活在处于冰期的欧洲。当时那里气候非常寒冷，他们要想顺利活下来就必须先学会保暖。聪明的尼安德特人先是找了避风的山洞当作栖息地。不仅如此，他们还用动物皮毛制成保暖的衣服、铺设的床铺。这样即使夜晚寒冷难耐，他们也不惧怕了。

智人

生活时期：更新世（距今约20万年前）
栖息地：几乎所有陆地
食性：杂食
化石发现地：除南极洲及部分岛屿外的世界各地

一些化石证据和基因研究结果表明，智人起源于约 20 万年前的非洲。经过不断发展，他们拥有了更为复杂的大脑。于是，高智商使我们的祖先在发明狩猎工具、懂得建造居所以及制作衣物的同时，也学会了人工取火。

捕猎

人们在智人头骨化石的周围，发现了羚羊等动物的骨骼。这说明他们曾经是捕杀动物的高手。他们既不种植庄稼，也不饲养家畜，唯一的食物来源就是到大自然中去采集、猎取。

Part9
恐龙之后的新世界

人类的迁徙

现在，各个大陆板块上都有人类存在。那么，人类的祖先是怎么迁徙、演化，从而遍布这些大陆并发展出多样人种的呢？科学家们经过研究古人类的骨骼，给出了我们一个答案。

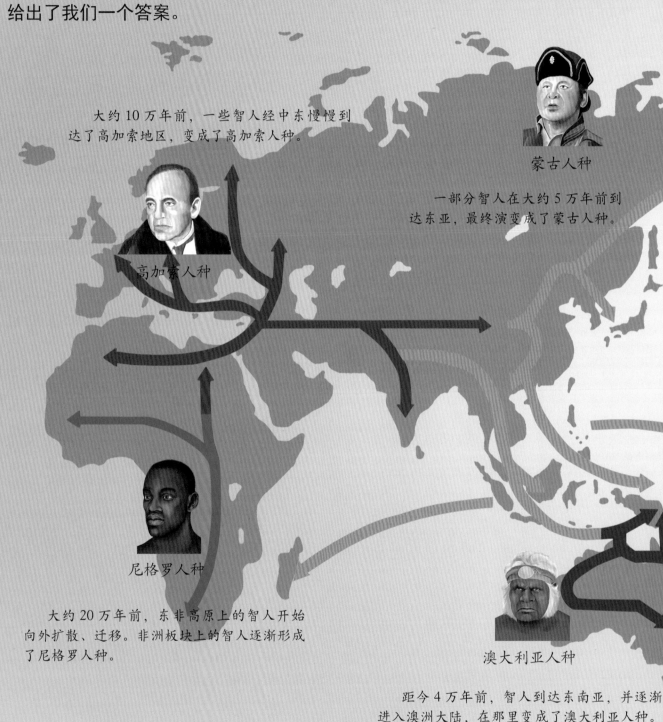

大约 10 万年前，一些智人经中东慢慢到达了高加索地区，变成了高加索人种。

高加索人种

蒙古人种

一部分智人在大约 5 万年前到达东亚，最终演变成了蒙古人种。

尼格罗人种

大约 20 万年前，东非高原上的智人开始向外扩散、迁移。非洲板块上的智人逐渐形成了尼格罗人种。

澳大利亚人种

距今 4 万年前，智人到达东南亚，并逐渐进入澳洲大陆，在那里变成了澳大利亚人种。

尼格罗人种　　高加索人种　　蒙古人种　　澳大利亚人种

一支东北亚智人在约 1.5 万年前经白令陆桥进入美洲大陆,逐渐形成了今天的印第安人。大约 1 万年前,印第安人散布到整个美洲。

距今 3000~5000 年前,智人逐渐进入太平洋以及印度洋各个岛屿。

高加索人种就是我们通常说的欧洲人种。他们通常有发达的体毛和胡须,眼睛多呈褐色、灰色或蓝色,鼻梁较高,嘴唇较薄。

尼格罗人种也被称为黑色人种,显著特点是肤色黝黑,鼻子宽大,嘴唇较厚。

蒙古人种的重要特征为:肤色偏黄,头发又直又硬,鼻子宽度适中,鼻梁较低,脸扁平。

澳大利亚人种有时也被称为棕色人种。他们肤色黝黑,鼻梁较宽,体毛发达。

恐龙之后的新世界
Part9

索引
INDEX

A

阿法齿负鼠·······················207
埃德蒙顿甲龙·················193
埃及重脚兽·····················238
艾伯塔龙·························178
艾雷拉龙·························136
艾雷拉龙科·····················136
艾氏鱼·····························228
安氏中兽·························236
奥沙拉龙·························188
奥陶纪·····························58
奥托亚虫·························51

B

八臂仙母虫·····················45
霸王龙·····························180
白垩刺甲鲨·····················211
白垩纪·····························166
板齿犀·····························285
板果龙·····························205
板龙·································137
板龙科·····························137
板足鲎·····························68
半球海胆·························143
包头龙·····························191
暴龙科·····························178
杯鼻龙·····························99
杯龙类·····························96
北狐猴·····························232
北票龙·····························182
蓓天翼龙·························116
奔山龙·····························171
笨脚兽·····························222
并合踝龙·························135
波斯特鳄·························112
伯肯鱼·····························69
哺乳动物·····216,221,229,246,252,268,282
哺乳类···········27,100,119,163,206
布尔吉斯页岩生物群·····················50
布龙度蝎子·····················68

C

苍蝇 ···111
沧龙 ···204
沧龙科 ···204
草原古马 ···260
查恩海笔 ···44
铲齿象 ···257
长鼻跳鼠 ···222
长颈副巨犀 ···246
长颈龙 ···113
长腿恐鹤 ···249
驰龙科 ···174
重褶齿猬 ···207
初始全颌鱼 ···69
慈母龙 ···173

D

达尔文麦塞尔猴 ···233
达斯布雷龙 ···178
大地懒 ···270
大角鹿 ···273
大夏巨龙 ···189
大眼鱼龙 ···145
袋剑虎 ···255
袋狮 ···269
邓氏鱼 ···76
狄更逊水母 ···43
地龙 ···149
地震龙 ···159
第四纪 ···278

雕齿兽 ···271
洞鬣狗 ···283
盾角海胆 ···143
盾皮鱼类 ···76
多刺甲龙 ···190
多须虫 ···53

E

鳄龙 ···113
鳄形类 ···148
耳材村海口鱼 ···48
二叠纪 ···92

F

蜚蠊 ···87
风神翼龙 ···203
抚仙湖虫 ···48
副跑犀 ···247
副栉龙 ···173

G

高齿羊 ···237
高帝纳猴 ···232
高吻龙 ···169
高圆球虫 ···63
哥伦比亚猛犸象 ···289
更猴 ···221
沟鳞鱼 ···77

古蓟子 ································· 143
古角龙 ································· 194
古近纪 ································· 218
古巨猪 ································· 237
古骆驼 ································· 263
古马陆 ·································· 86
古中兽 ································· 225
骨鳞鱼 ·································· 78
怪诞虫 ·································· 52
冠齿兽 ································· 223
冠鳄兽 ································· 102

哈斯特鹰 ····························· 281
海百合 ·································· 62
海懒兽 ································· 264
海王龙 ································· 205
海熊兽 ································· 254
海蜘蛛 ·································· 67
寒武纪 ·································· 46
豪勇龙 ································· 169
后弓兽 ································· 259
后猫 ··································· 253
厚鼻龙 ································· 197
湖龙 ···································· 97
互棱齿象 ····························· 256
华阳龙 ································· 160

滑齿龙 ································· 147
环棘鱼 ································· 220
环节类 ·································· 26
环轮水母 ································ 43
幻龙 ··································· 115
幻龙类 ································· 115
黄昏鸟 ································· 209
彗星虫 ·································· 66
混鱼龙 ································· 114

基龙 ···································· 98
棘甲龙 ································· 192
棘龙 ··································· 187
棘龙科 ································· 186
棘皮类 ·························· 26, 110, 142
棘鲨 ··································· 66
棘螈 ··································· 81
脊椎动物 ·························· 26, 27
戟龙 ··································· 197
加斯顿鸟 ····························· 243
加斯帕里尼龙 ························· 171

甲龙 ································· 191
甲龙科 ······························ 190
剑齿虎 ······························ 269
剑棱象 ······························ 257
剑龙 ································· 160
剑龙科 ······························ 160
剑射鱼 ······························ 211
剑吻古豚 ···························· 267
渐新马 ······························ 246
渐新象 ······························ 247
箭齿兽 ······························ 285
姜氏兽 ······························ 103
焦兽 ································· 239
角鼻龙 ······························ 153
角鼻龙科 ···························· 153
角龙科 ······························ 196
角头兽 ······························ 101
节肢类 ···················· 26，74，111
结节龙 ······························ 193
结节龙科 ···························· 192
介形虫 ······························· 63
鲸龙 ································· 155
鲸龙科 ······························ 155
镜眼虫 ······························· 74
巨齿鲨 ······························ 244
巨齿兽 ······························ 163
巨河狸 ······························ 276
巨颊龙 ······························· 96
巨角犀 ······························ 236
巨颊虎 ······························ 253
巨鬣齿兽 ···························· 240
巨鬣狗 ······························ 252
巨脉蜻蜓 ····························· 87
巨型短面袋鼠 ························ 284
巨猿 ································· 290
巨足驼 ······························ 263

肯特龙 ······························ 161
孔子鸟 ······························ 208
恐颌猪 ······························ 247
恐狼 ································· 282
恐龙 ·············· 120，150，166，200
恐猫 ································· 268
恐鸟 ································· 280
恐爪龙 ······························ 175
昆虫 ·························· 111，210
阔齿龙 ······························· 95

莱茵耶克尔鲨 ························· 74
狼蜥兽 ······························ 103
棱齿龙 ······························ 170
棱齿龙科 ···························· 170
理理恩龙 ···························· 135
丽齿兽 ······························ 103
利维坦鲸 ···························· 267
利兹鱼 ······························ 144
笠头螈 ······························· 95
粒骨鱼 ······························· 77
镰刀龙 ······························ 183
镰刀龙科 ···························· 182
镰甲鱼 ······························· 75
梁龙 ································· 158
梁龙科 ······························ 158
两栖类 ·················· 27，81，88，94
裂口鲨 ······························· 80
裂肉兽 ······························ 241

299

林龙··································190
林蜥····································90
鳞齿鱼·····························144
灵鳄···································113
菱龙···································146
龙王鲸·····························242
陆行鲸·····························242
罗伯特兽··························102

M

马尔虫·····························54
蚂蚁································210
美颌龙·····························150
美颌龙科··························150
蒙大拿神翼龙·····················202
猛犸象·····························288
迷齿虫·······························53
米诺卡岛兔王·····················276
蜜蜂································210
敏迷龙·····························193
冥河龙·····························199
摩尔根兽··························163
魔鬼龙·····························179
莫氏巨头蜥··························94

N

纳罗虫·······························49
南方古猿··························274
尼安德特人·······················292
泥盆纪·······························72
拟油栉虫····························53

鸟类······27，208，227，243，248，277，280
牛顿巨鸟··························281

O

欧巴宾海蝎··························55
鸥龙································115

P

爬行类·······27，90，106，112，202
帕克氏龙··························171
帕文克尼亚虫······················45
潘氏鱼·······························79
盘龙类·······························98
盘足龙·····························189
盘足龙科··························189
佩罗牛·····························272
披毛犀·····························272
皮卡虫·······························53
平头龙·····························199
普瑞斯比鸟·······················227
普瑞斯加加鱼·····················228

Q

奇角鹿·····························262
奇虾·································50
前寒武纪····························40
前棱蜥·······························97
嵌齿象·····························256

腔肠类 ································26
腔骨龙 ·······························134
腔骨龙科 ···························134
切齿龙 ·······························185
窃蛋龙 ·······························184
窃蛋龙科 ···························184
禽龙 ································168
禽龙科 ·······························168
曲带鸟 ·······························248
全棱兽 ·······························222
犬颌兽 ·······························112
犬熊 ································241

R

人类 ························291，294
肉鳍鱼类 ···························78
软食中兽 ···························226
软体类 ································26

S

三叠纪 ·······························106
三角龙 ·······························197
三趾马 ·······························260
森林古猿 ···························265
砂犷兽 ·······························258
鲨鱼类 ································80
上龙 ································147
上新马 ·······························261
蛇齿龙 ································99
蛇颈龙 ·······························146
蛇颈龙类 ···························146

麝足兽 ·······························100
神龙翼龙科 ························202
石莲 ································110
石炭纪 ································84
石爪兽 ·······························261
史前巨鼠 ···························276
始长颈鹿 ···························262
始盗龙 ·······························136
始剑齿虎 ···························240
始螈 ································89
始祖单弓兽 ························91
始祖马 ·······························224
始祖鸟 ·······························162
始祖兽 ·······························206
始祖象 ·······························231
嗜鸟龙 ·······························154
嗜鸟龙科 ···························154
兽孔类 ·······························118
鼠龙 ································137
双齿兽 ·······························101
双棱鲱 ·······························220
双门齿兽 ···························284
双鳍鱼 ································79
双螈 ································89
水龙兽 ·······························101
硕鬣狗 ·······························269
斯龙 ································97
斯普里格蠕虫 ·····················45
似鳄龙 ·······························187
索齿兽 ·······························266

T

苔藓虫 ································61
泰坦鸟 ·······························277

特暴龙 ················179

提塔利克鱼 ················78

提坦兽 ················223

头甲鱼 ················75

沱江龙 ················161

小盗龙 ················176

小古猫 ················229

楔形鳄 ················148

新近纪 ················250

胸脊鲨 ················80

熊齿兽 ················283

完齿兽 ················239

腕龙 ················156

腕龙科 ················156

威瓦西虫 ················51

伟鬣兽 ················254

伪鲛 ················77

尾羽龙 ················185

无颌鱼类 ················75

无脊椎动物 ················26

五角海百合 ················142

五角海星 ················142

鸭嘴龙 ················172

鸭嘴龙科 ················172

雅角龙 ················195

伊比利亚鸟 ················209

伊神蝠 ················230

异齿龙 ················99

异剑齿虎 ················283

异特龙 ················152

异特龙科 ················152

翼龙类 ················116

翼肢鲎 ················67

引螈 ················88

西伯利亚野牛 ················287

西洛仙蜥 ················90

西瓦古猿 ················265

蜥螈 ················94

狭蜥鳄 ················149

狭翼鱼龙 ················145

象鸟 ················281

肖尼鱼龙 ················114

小达尔曼虫 ················63

鹦鹉螺 ······································ 60
鹦鹉兽 ···································· 226
鹦鹉嘴龙 ································· 196
硬骨鱼类 ································· 144
尤因它兽 ································· 235
犹他盗龙 ································· 175
油页岩蜥 ··································· 91
有角囊地鼠 ····························· 264
鱼类 ················ 27，70，211，220，228，244
鱼龙类 ···························· 114，145
鱼鸟 ····································· 209
鱼石螈 ····································· 81
原古马 ··································· 234
原角龙 ··································· 195
原角龙科 ································· 194
原牛 ····································· 286
原蹄兽 ··································· 234
远古海狸兽 ····························· 225
远角犀 ··································· 258

中华曙猿 ································· 233
中华微网虫 ······························· 49
中龙 ······································· 91
肿头龙 ··································· 198
肿头龙科 ································· 198
重爪龙 ··································· 186
侏罗纪 ··································· 140
侏罗猎龙 ································· 151

浙江翼龙 ································· 203
真猛犸象 ································· 288
真双型齿翼龙 ···························· 117
真掌鳍鱼 ··································· 79
直角石 ····································· 61
直立人 ··································· 291
志留纪 ····································· 64
智人 ····································· 293
中国袋兽 ································· 207
中国肯氏兽 ······························ 118
中国鸟龙 ································· 174
中国锥齿兽 ······························ 119